蔡元培讲中国伦理学史

蔡元培 著

UNITY PRESS
團结出版社

图书在版编目（CIP）数据

蔡元培讲中国伦理学史 / 蔡元培著. -- 北京 : 团结出版社, 2019.1

ISBN 978-7-5126-4346-8

Ⅰ. ①蔡… Ⅱ. ①蔡… Ⅲ. ①伦理学史－研究－中国－古代 Ⅳ. ①B82-092

中国版本图书馆CIP数据核字(2016)第191870号

出　版：团结出版社
（北京市东城区东皇城根南街 84 号　邮编：100006）
电　话：（010）65228880　65244790
网　址：www.tjpress.com
E-mail：zb65244790@vip.163.com
经　销：全国新华书店
印　刷：北京京华虎彩印刷有限公司

开　本：148mm×210mm　32 开
印　张：8.625
字　数：175 千字
版　次：2019 年 1 月　第 1 版
印　次：2019 年 1 月　第 1 次印刷

书　号：978-7-5126-4346-8
定　价：69.80 元

#《大师讲堂》系列丛书

▶ 总序

/ 吴伯雄

梁启超说："学术思想之在一国，犹人之有精神也。"的确，学术的盛衰，关乎一个民族的精神气象与文化氛围。民国是一个动荡不安的时代，内忧外患，较之晚清，更为剧烈，中华民族几乎已经濒临亡国灭种的边缘。而就是在这样日月无光的民国时代，却涌现出了一批批大师，他们不但具有坚实的旧学基础，也具备超前的新学眼光。加之前代学术的遗产，西方思想的启发，古义今情，交相辉映，西学中学，融合创新。因此，民国是一个大师辈出的时代，梁启超、康有为、严复、王国维、鲁迅、胡适、冯友兰、余嘉锡、陈垣、钱穆、刘师培、马一孚、熊十力、顾颉刚、赵元任、汤用彤、刘文典、罗根泽……单是这一串串的人名，就足以使后来的学人心折骨惊，高山仰止。而他们在史学、哲学、文学、考古学、民俗学、教育学等各个领域所取得的成就，更是创造出了一个异彩纷呈的学术局面。

岁月如轮，大师已矣，我们已无法起大师于九原之下，领教大师们的学术文章。但是，"世无其人，归而求之吾书"（程子语）。

大师虽已远去，他们留下的皇皇巨著，却可以供后人时时研读。时时从中悬想其风采，吸取其力量，不断自勉，不断奋进。诚如古人所说："圣贤备黄卷中，舍此安求？"有鉴于此，我们从卷帙浩繁的民国大师著作当中，精心编选出版了这一套"大师讲堂系列丛书"，分辑印行，以飨读者。原书初版多为繁体字竖排，重新排版字体转换过程当中，难免会有鲁鱼豕亥之讹，还望读者不吝赐正。

吴伯雄，福建莆田人，1981 年出生。2003 年考入福建师范大学古代文学研究系，师从陈节教授。2006 年获硕士学位。同年 9 月考入复旦大学中文系古代文学专业，师从王水照先生。2009 年 7 月获博士学位。同年 9 月进入福建师范大学文学院古代文学教研室工作。推崇"博学而无所成名"。出版《论语则善》(九州出版社)，《四库全书总目提要选》(凤凰出版社)。

目录

中国伦理学史 | 001

绪论 | 003

第一期 先秦创始时代 | 006

第一章 总论 | 006
第二章 唐虞三代伦理思想之萌芽 | 007
第三章 孔子 | 013
第四章 子思 | 016
第五章 孟子 | 018
第六章 荀子 | 022
第七章 老子 | 026
第八章 庄子 | 031
第九章 许行 | 038
第十章 墨子 | 040
第十一章 管子 | 046
第十二章 商君 | 049
第十三章 韩非子 | 051

第二期　汉唐继承时代 | 059

第一章　总说 | 059
第二章　淮南子 | 061
第三章　董仲舒 | 067
第四章　扬雄 | 070
第五章　王充 | 072
第六章　清谈家之人生观 | 075
第七章　韩愈 | 081
第八章　李翱 | 084

第三期　宋明理学时代 | 087

第一章　总说 | 087
第二章　王荆公 | 090
第三章　邵康节 | 092
第四章　周濂溪 | 095
第五章　张横渠 | 098
第六章　程明道 | 101
第七章　程伊川 | 105
第八章　程门大弟子 | 108
第九章　朱晦庵 | 110
第十章　陆象山 | 114
第十一章　杨慈湖 | 117
第十二章　王阳明 | 119

五十年来中国之哲学 | 133

简易哲学纲要 | 175

自序 | 177

凡例 | 178

第一编　绪论 | 179

第二编　认识问题 | 185

第三编　原理问题 | 201

第四编　价值问题 | 238

第五编　结论 | 263

中国伦理学史

绪论

伦理学与修身书之别 修身书，示人以实行道德之规范者也。民族之道德，本于其特具之性质，固有之条教，而成为习惯。虽有时亦为新学殊俗所转移，而非得主持风化者之承认，或多数人之信用，则不能骤入于修身书之中，此修身书之范围也。伦理学则不然，以研究学理为的。各民族之特性及条教，皆为研究之资料，参伍而贯通之，以归纳于最高之观念，乃复由是而演绎之，以为种种之科条。其于一时之利害，多数人之向背，皆不必顾。盖伦理学者，知识之径涂；而修身书者，则行为之标准也，持修身书之见解以治伦理学，常足为学识进步之障碍。故不可不区别之。

伦理学史与伦理学根本观念之别 伦理学以伦理之科条为纲，伦理学史以伦理学家之派别为叙。其体例之不同，不待言矣。而其根本观念，亦有主观、客观之别。伦理学者，主观也，所以发明一家之主义者也。各家学说，有与其主义不合者，或驳诘之，或弃置之。伦理学史者，客观也。在抉发各家学说之要点，而推暨其源流，证明其迭相乘除之迹象。各家学说，与作者主义有违合之点，虽可参以评判，而不可以意取去，漂没其真相。此则伦理学史根本观念之异于伦理学者也。

我国之伦理学 我国以儒家为伦理学之大宗。而儒家，则一切精神界科学，悉以伦理为范围。哲学、心理学，本与伦理有密切之关系。我国学者仅以是为伦理学之前提。其他曰为政以德，曰孝治天下，是政治学范围于伦理也；曰国民修其孝弟忠信，可使制梃以挞坚甲利兵，是军学范围于伦理也；攻击异教，恒以无父无君为辞，是宗教学范围于伦理也；评定诗古文辞，恒以载道述德眷怀君父为优点，是美学亦范围于伦理也。我国伦理学之范围，其广如此，则伦理学宜若为我国惟一发达之学术矣。然以范围太广，而我国伦理学者之著述，多杂糅他科学说。其尤甚者为哲学及政治学。欲得一纯粹伦理学之著作，殆不可得。此为述伦理学史者之第一畏途矣。

我国伦理学说之沿革 我国伦理学说，发轫于周季。其时儒墨道法，众家并兴。及汉武帝罢黜百家，独尊儒术，而儒家言始为我国惟一之伦理学。魏晋以还，佛教输入，哲学界颇受其影响，而不足以震撼伦理学。近二十年间，斯宾塞尔之进化功利论，卢骚之天赋人权论，尼采之主人道德论，输入我国学界。青年社会，以新奇之嗜好欢迎之，颇若有新旧学说互相冲突之状态。然此等学说，不特深研而发挥之者尚无其人，即斯、卢诸氏之著作，亦尚未有完全迻译者。所谓新旧冲突云云，仅为伦理界至小之变象，而于伦理学说无与也。

我国之伦理学史 我国既未有纯粹之伦理学，因而无纯粹之伦理学史。各史所载之儒林传道学传，及孤行之宋元学案、明儒学案等皆哲学史，而非伦理学史也。日本木村鹰太郎氏，述东洋伦理学史，（其全书名《东西洋伦理学史》，兹仅就其东洋一部分言之。）始以西洋学术史之规则，整理吾国伦理学说，创通大义，甚裨学子。而其间颇有依据伪书之失，其批评亦间失之武断。其后又有久保得二氏，述东洋伦理史要，则考证较详，评断较慎。而其间尚有蹈木村氏之覆辙者。木村氏之言曰："西洋伦理学史，西洋学者名著甚多，因而为之，其事不难；东洋伦理学史，则昔所未有。若博读东洋学说而未谂西洋哲学科学之律贯，或仅治西洋伦理学而未通东方学派者，皆不足以胜创始之任。"谅哉言也。鄙人于东西伦理学，所涉均浅，而勉承兹乏，则以木村、久保二氏之作为本。而于所不安，则以记忆所及，参考所得，删补而订正之。正恐疏略谬误，所在多有。幸读者注意焉。

第一期 先秦创始时代

第一章 总论

伦理学说之起源 伦理界之通例，非先有学说以为实行道德之标准，实伦理之现象，早流行于社会，而后有学者观察之、研究之、组织之，以成为学说也。在我国唐虞三代间，实践之道德，渐归纳为理想。虽未成学理之体制，而后世种种学说，滥觞于是矣。其时理想，吾人得于《易》《书》《诗》三经求之。《书》为政事史，由意志方面，陈述道德之理想者也；《易》为宇宙论，由知识方面，本天道以定人事之范围；《诗》为抒情体，由感情方面，揭教训之趣旨者也。三者皆考察伦理之资也。

我国古代文化，至周而极盛。往昔积渐萌生之理想，及是时则由浑而画，由暧昧而辨晰。循此时代之趋势，而集其理想之大成以为学说者，孔子也。是为儒家言，足以代表吾民族之根本理想者也。其他学者，各因其地理之影响，历史之感化，而有得于古昔积渐萌生各理想之一方面，则亦发挥之而成种种之学说。

各家学说之消长 种种学说并兴，皆以其有为不可加，而思以易天下，相竞相攻，而思想界遂演为空前绝后之伟观。盖其时自儒家以外，成一家言者有八。而其中道、墨、名、法，皆以伦理学说占其重要之部分者也。秦并天下，尚法家；汉兴，颇尚道家；及武帝从董仲舒之说，循民族固有之理想而尊儒术，而诸家之说熸矣。

第二章 唐虞三代伦理思想之萌芽

伦理思想之基本 我国人文之根据于心理者，为祭天之故习。而伦理思想，则由家长制度而发展，一以贯之，而敬天畏命之观念，由是立焉。

天之观念 五千年前，吾族由西方来，居黄河之滨，筑室力田，与冷酷之气候相竞，日不暇给。沐雨露之惠，懔水旱之灾，则求其源于苍苍之天。而以为是即至高无上之神灵，监吾民而赏罚之者也。及演进而为抽象之观念，则不视为具有人格之神灵，而竟认为溥博自然之公理。于是揭其起伏有常之诸现象，以为人类行为之标准。以为苟知天理，则一切人事，皆可由是而类推。此则由崇拜自然之宗教心，而推演为宇宙论者也。

天之公理 古人之宇宙论有二：一以动力说明之，而为阴阳二气说；一以物质说明之，而为五行说。二说以渐变迁，而皆以宇宙之进动为对象：前者由两仪而演为四象，由四象而演为八卦，假定八者为原始之物象，以一切现象，皆为彼等互动之结果。因以确立现象变化之大法，而应用于人事。后者以五行为成立世界之原质，有相生相克之性质。而世界各种现象，即于其性质同异间，有因果相关之作用，故可以由此推彼。而未来之现象，亦得而豫察之。两者立论之基本，虽有径庭，而于天理人事同一法则之根本义，则若合符节。盖于天之主体，初未尝极深研究，而即以假定之观念，推演之，以应用于实际之事象。此吾国古人之言天，所以不同于西方宗教家，而特为伦理学最高观念之代表也。

天之信仰 天有显道，故人类有法天之义务，是为不容辨证之信仰，即所谓顺帝之则者也。此等信仰，经历世遗传，而浸浸成为天性。如《尚书》中君臣交警之辞，动必及天，非徒辞令之习惯，实亦于无意识中表露其先天之观念也。

天之权威 古人之观天也，以为有何等权威乎。《易》曰：“纲柔相摩，鼓之以雷霆，润之以风雨。日月运行，一寒一暑。乾道成男，坤道成女。乾知大始，坤作成物。”谓天之于万物，发之收之，整理之，调摄之，皆非无意识之动作，而密合于道德，观其利益人类之厚而可知也。人类利用厚生之道，悉本于天，故不可不畏天命，而顺天道。畏之顺之，则天锡之福。如风雨顺时，年谷顺成，而余庆且及于子孙；其有侮天而违天者，天则现种种灾异，如日月告凶、陵谷变迁之类，以警戒之，犹不悔，则罚之。此皆天之性质之一斑见于《诗》《书》者也。

天道之秩序 天之本质为道德。而其见于事物也，为秩序。故天神之下有地祇，又有日月星辰山川林泽之神，降而至于猫、虎之属，皆统摄于上帝。是为人间秩序之模范。《易》曰："天尊地卑，乾坤定矣。卑高以陈，贵贱位矣。"此其义也。以天道之秩序，而应用于人类之社会，则凡不合秩序者，皆不得为道德。《易》又曰："有天地然后有万物，有万物然后有男女，有男女然后有夫妇，有夫妇然后有父子，有父子然后有君臣，有君臣然后有上下，有上下然后礼义有所错。"言循自然发展之迹而知秩序之当重也。重秩序，故道德界惟一之作用为中。中者，随时地之关系，而适处于无过不及之地者也。是为道德之根本。而所以助成此主义者，家长制度也。

家长制度 吾族于建国以前，实先以家长制度组织社会，渐发展而为三代之封建。而所谓宗法者，周之世犹盛行之。其后虽又变封建而为郡县，而家长制度之精神，则终古不变。家长制度者，实行尊重秩序之道，自家庭始，而推暨之以及于一切社会也。一家之中，父为家长，而兄弟姊妹又以长幼之序别之。以是而推之于宗族，若乡党，以及国家。君为民之父，臣民为君之子，诸臣之间，大小相维，犹兄弟也。名位不同，而各有适于其时地之道德，是谓中。

古先圣王之言动　三代以前，圣者辈出，为后人模范。其时虽未谙科学规则，且亦鲜有抽象之思想，未足以成立学说，而要不能不视为学说之萌芽。太古之事邈矣，伏羲作易，黄帝以道家之祖名。而考其事实，自发明利用厚生诸述外，可信据者盖寡。后世言道德者多道尧舜，其次则禹汤文武周公，其言动颇著于《尚书》，可得而研讨焉。

尧　《书》曰:“尧克明峻德,以亲九族,平章百姓,协和万邦,黎民于变时雍。”先修其身而以渐推之于九族，而百姓，而万邦，而黎民。其重秩位如此。而其修身之道，则为中。其禅舜也，诫之曰 :“允执其中”是也。是盖由种种经验而归纳以得之者。实为当日道德界之一大发明。而其所取法者则在天。故孔子曰:“巍巍乎惟天为大，惟尧则之，荡荡乎民无能名也。”

舜　至于舜，则又以中之抽象名称，适用于心性之状态，而更求其切实。其命夔教胄子曰:“直而温，宽而栗，刚而无虐，简而无傲。”言涵养心性之法不外乎中也。其于社会道德，则明著爱有差等之义。命契曰 :“百姓不亲，五品不逊，汝为司徒，敬敷五教在宽。”五品、五教，皆谓于社会间，因其伦理关系之类别，而有特别之道德也。是谓五伦之教，所谓父子有亲，君臣有义，夫妇有别，长幼有序，朋友有信，是也。其实不外乎执中。惟各因其关系之不同，而别著其德之名耳。由是而知中之为德，有内外两方面之作用，内以修己，外以及人，为社会道德至当之标准。盖至舜而吾民族固有之伦理思想，已有基础矣。

禹　禹治水有大功，克勤、克俭，而又能敬天。孔子所谓禹吾无间然，菲饮食而致孝乎鬼神，恶衣服而致美乎黻冕，卑宫室而尽力乎沟洫，是也。其伦理观念，见于箕子所述之《洪范》。虽所言天锡畴范，迹近迂怪，然承尧舜之后，而发展伦理思想，如《洪范》所云，殆无可疑也。《洪范》所言九畴，论道德及政治之关系，进而及于天人之交涉。其有关于人类道德者，五事，三德，五福，六极诸畴也。分人类之普通行动为貌言视听思五事，以规则制限之：貌恭为肃，言从为乂，视明为哲，听聪为谋，思睿为圣。一本执中之义，而科别较详。其言三德：曰正直，曰刚克，曰柔克。而五福：曰寿，曰富，曰康宁，曰攸好德，曰考终命。六极：曰凶短折，曰疾，曰忧，曰贫，曰恶，曰弱。盖谓神人有感应之理，则天之赏罚，所不得免，而因以确定人类未来之理想也。

皋陶　皋陶教禹以九德之目，曰：宽而栗，柔而立，愿而恭，乱而敬，扰而毅，直而温，简而廉，刚而塞，强而义。与舜之所以命夔者相类，而条目较详。其言天聪明自我民聪明，天明威自我民明威，则天人交感，民意所向，即天理所在，亦足以证明《洪范》之说也。

商周之革命　夏殷周之间，伦理界之变象，莫大于汤武之革命。其事虽与尊崇秩序之习惯，若不甚合。然古人号君曰天子。本有以天统君之义，而天之聪明明威，皆托于民，即武王所谓天视自我民视、天听自我民听者也。故获罪于民者，即获罪于天。汤武之革命，谓之顺乎天而应乎民，与古昔伦理，君臣有义之教，不相背也。

三代之教育 商周二代，圣君贤相辈出。然其言论之有关于伦理学者，殊不概见。其间如伊尹者，孟子称其非义非道一介不取与，且自任以天下之重。周公制礼作乐，为周代文化之元勋。然其言论之几于学理者，亦未有闻焉。大抵商人之道德，可以墨家代表之；周人之道德，可以儒家代表之。而三代伦理之主义，于当时教育之制，有可推见。孟子称夏有校，殷有序，周有庠，而学则三代共之。《管子》有《弟子职》篇，记洒扫应对进退之教。《周官·司徒》称以乡三物教万民，一曰六德：知、仁、圣、义、中、和；二曰六行：孝、友、睦、姻、任、恤；三曰六艺：礼、乐、射、御、书、数；是为普通教育。其高等教育之主义，则见于《礼记》之《大学》篇。其言曰："大学之道，在明明德，在亲民，在止于至善。古之欲明明德于天下者，必先治其国；欲治其国者，先齐其家；欲齐其家者，先修其身；欲修其身者，先正其心；欲正其心者，先诚其意；欲诚其意者，先致其知。致知在格物。自天子以至于庶人，壹是，皆以修身为本。"循天下国家疏近于序，而归本于修身。又以正心诚意致知格物为修身之方法，固已见学理之端绪矣。盖自唐虞以来，积无量数之经验，以至周代，而主义始以确立，儒家言由是启焉。

第三章 孔子

小传 孔子名丘，字仲尼，以周灵王二十一年生于鲁昌平乡陬邑。孔氏系出于殷，而鲁为周公之后，礼文最富。故孔子具殷人质实豪健之性质，而又集历代礼乐文章之大成。孔子尝以其道遍干列国诸侯而不见用。晚年，乃删《诗》《书》，定礼乐，赞易象，修《春秋》，以授弟子。弟子凡三千人，其中身通六艺者七十人。孔子年七十三而卒，为儒家之祖。

孔子之道德 孔子禀上智之资，而又好学不厌。无常师，集唐虞三代积渐进化之思想，而陶铸之，以为新理想。尧舜者，孔子所假以代表其理想而为模范之人物者也。其实行道德之勇，亦非常人所及。一言一动，无不准于礼法。乐天知命，虽屡际困厄，不怨天，不尤人。其教育弟子也。循循然善诱人。曾点言志曰：与冠者、童子，浴乎沂，风乎舞雩，咏而归，则喟然与之。盖标举中庸之主义，约以身作则者也。其学说虽未为成立统系之组织，而散见于言论者得寻绎而条举之。

性 孔子劝学而不尊性。故曰："性相近也，习相远也。""惟上知与下愚不移。"又曰："生而知之者，上也；学而知之者，次也；困而学之，又其次也；困而不学，民斯为下。"言普通之人，皆可以学而知之也。其于性之为善为恶，未及质言。而尝曰："人之生也直，罔之生也幸而免。”又读《诗》至“天生蒸民，有物有则，民之秉彝，好是懿德。”则叹为知道。是已有偏于性善说之倾向矣。

仁　孔子理想中之完人，谓之圣人。圣人之道德，自其德之方面言之曰仁，自其行之方面言之曰孝，自其方法之方面言之曰忠恕。孔子尝曰：“仁者爱人，智者知人。”又曰：“知者不惑，仁者不忧，勇者不惧。”此分心意为知识、感情、意志三方面，而以知仁勇名其德者。而平日所言之仁，则即以为统摄诸德完成人格之名。故其为诸弟子言者，因人而异。又或对同一之人，而因时而异。或言修己，或言治人，或纠其所短，要不外乎引之于全德而已。孔子尝曰：“仁远乎哉，我欲仁，斯仁至矣。”又称颜回“三月不远仁，其余日月至焉。”则固以仁为最高之人格，而又人人时时有可以到达之机缘矣。

孝　人之令德为仁，仁之基本为爱，爱之原泉，在亲子之间，而尤以爱亲之情之发于孩提者为最早。故孔子以孝统摄诸行，言其常，曰养，曰敬，曰谕父母于道。于其没也。曰：善继志述事。言其变，曰几谏。于其没也，曰干蛊。夫至以继志述事为孝，则一切修身、齐家、治国、平天下之事，皆得统摄于其中矣。故曰，孝者，始终事亲，中于事君，终于立身。是亦由家长制度而演成伦理学说之一证也。

忠恕　孔子谓曾子曰：“吾道一以贯之。”曾子释之曰：“夫子之道，忠恕而已矣。”此非曾子一人之私言也。子贡问：“有一言而可以终身行之者乎？”孔子曰：“其恕乎。”《礼记》《中庸》

篇，引孔子之言曰:“忠恕违道不远。”皆其证也。孔子之言忠恕，有消极、积极两方面，施诸己而不愿，亦勿施于人。此消极之忠恕，揭以严格之命令者也。仁者，己欲立而立人，己欲达而达人。此积极之忠恕，行以自由之理想者也。

学问　忠恕者，以己之好恶律人者也。而人人好恶之节度，不必尽同，于是知识尚矣。孔子曰:“学而不思，则罔;思而不学，则殆。”又曰:“好仁不好学，其蔽也愚;好知不好学，其蔽也荡;好信不好学，其蔽也贼；好直不好学，其蔽也绞；好勇不好学，其蔽也乱；好刚不好学，其蔽也狂。”言学问之亟也。

涵养　人常有知及之，而行之则或过或不及，不能适得其中者，其毗刚毗柔之气质为之也。孔子于是以诗与礼乐为涵养心性之学。尝曰：“兴于诗，立于礼，成于乐。”曰：“诗可以兴，可以观，可以群，可以怨。”曰：“若臧武仲之知，公绰之不欲，卞庄子之勇，冉求之艺，文之以礼乐，可以为成人矣。”其于礼乐也，在领其精神，而非必拘其仪式。故曰：“礼云礼云，玉帛云乎哉，乐云乐云，钟鼓云乎哉。”

君子　孔子所举，以为实行种种道德之模范者，恒谓之君子，或谓之士。曰：“君子有三畏：畏天命，畏大人，畏圣人之言。”曰：“君子有三戒：少之时，血气未定，戒之在色；及其壮也，血气方刚，戒之在斗;及其老也，血气既衰，戒之在得。”曰:“君子有九思:视思明，听思聪，色思温，貌思恭，言思忠，事思敬，疑思问，忿思难，见得思义。”曰:文质彬彬然后君子。”曰：“君子讷于言而敏于行。”曰：“君子疾没世而名不称。”曰：

"士行己有耻，使于西方，不辱君命；其次，宗族称孝，乡党称弟；其次，言必信，行必果。"曰："志士仁人，无求生以害仁，有杀身以成仁。"其所言多与舜、禹、皋陶之言相出入，而条理较详。要其标准，则不外古昔相传执中之义焉。

政治与道德　孔子之言政治，亦以道德为根本。曰："为政以德。"曰："道之以德，齐之以礼，民有耻而且格。"季康子问政，孔子曰："政者，正也。子率以正，孰敢不正。"亦唐、虞以来相传之古义也。

第四章　子思

小传　自孔子没后，儒分为八。而其最大者，为曾子、子夏两派。曾子尊德性，其后有子思及孟子；子夏治文学，其后有荀子。子思，名伋，孔子之孙也，学于曾子。尝游历诸国，困于宋。作《中庸》。晚年，为鲁缪公之师。

中庸《汉书》称子思二十三篇，而传于世者惟《中庸》。中庸者，即唐虞以来执中之主义。庸者，用也，盖兼其作用而言之。其语亦本于孔子，所谓君子中庸、小人反中庸者也。《中庸》一篇，大抵本孔子实行道德之训，而以哲理疏解之，以求道德之起原。盖儒家言，至是而渐趋于究研学理之倾向矣。

率性　子思以道德为原于性，曰："天命之为性，率性之为道，修道之为教。”言人类之性，本于天命，具有道德之法则。循性而行之，是为道德。是已有性善说之倾向，为孟子所自出也。率性之效，是谓中庸。而实行中庸之道，甚非易易，贤者过之，不肖者不及也。子思本孔子之训，而以忠恕为致力之法，曰：“忠恕违道不远，施诸己而不愿，亦勿施于人。”曰:“所求乎子，以事父；所求乎臣，以事君；所求乎弟，以事兄；所求乎朋友，先施之。”此其以学理示中庸之范畴者也。

诚　子思以率性为道，而以诚为性之实体。曰：“自诚明谓之性，自明诚谓之教。”又以诚为宇宙之主动力，故曰：“诚者，自成也，道者，自道也。诚者，物之终始，不诚无物。诚者，非自成己而已也，所以成物也。成己，仁也，成物，智也。性之德也，合内外之道也，故时措之宜也。”是子思之所谓诚，即孔子之所谓仁。惟欲并仁之作用而著之，故名之以诚。又扩充其义，以为宇宙问题之解释，至诚则能尽性，合内外之道，调和物我，而达于天人契合之圣境，历劫不灭，而与天地参，虽渺然一人，而得有宇宙之价值也。于是宇宙间因果相循之迹，可以预计。故曰:“至诚之道，可以前知。国家将兴，必有祯祥；国家将亡，必有妖孽。见乎蓍龟，动乎四体。祸福将至，善，必先知之，不善，必先知之，故至诚如神。”言诚者，含有神秘之智力也。然此惟生知之圣人能之，而非人人所可及也。然则人之求达于至诚也，将奈何？子思勉之以学，曰诚者，天之道也，诚之者，人之道也。诚者，不勉而中，不思而得，从容中道，圣人也。诚之者，择善而固执之者也，博学之，审问之，慎思之，明辨之，笃行之，弗能弗措。人一能之，己百之，人十能之，己千之。虽愚必明，虽柔必强。言以学问之力，认识何者为诚，而又以确固之步趋几及之，固非以无意识之任性而行为率性矣。

结论 子思以诚为宇宙之本，而人性亦不外乎此。又极论由明而诚之道，盖扩张往昔之思想，而为宇宙论，且有秩然之统系矣。惟于善恶之何以差别，及恶之起原，未遑研究。斯则有待于后贤者也。

第五章 孟子

孔子没百余年，周室愈衰，诸侯互相并吞，尚权谋，儒术浸失其传。是时崛起邹鲁，排众论而延周孔之绪者，为孟子。

小传 孟子名轲，幼受贤母之教。及长，受业于子思之门人。学成，欲以王道干诸侯，历游齐、梁、宋、滕诸国。晚年，知道不行，乃与弟子乐正克、公孙丑、万章等，记其游说诸侯及与诸弟子问答之语，为《孟子》七篇。以周赧王三十三年卒。

创见 孟子者，承孔子之后，而能为北方思想之继承者也。其于先圣学说益推阐之，以应世用。而亦有几许创见：（一）承子思性说而确言性善；（二）循仁之本义而配之以义，以为实行道德之作用；（三）以养气之说论究仁义之极致及效力，发前人所未发；（四）本仁义而言王道，以明经国之大法。

性善说　性善之说，为孟子伦理思想之精髓。孟子思既以诚为性之本体，而孟子更进而确定之，谓之善。以为诚则未有不善也。其辨证有消极、积极二种。消极之辨证，多对告子而发。告子之意，性惟有可善之能力，而本体无所谓善不善，故曰："生之为性。"曰："以人性为仁义，犹以杞柳为桮棬。"曰："人性之无分于善不善也，犹水之无分于东西也。"孟子对于其第一说，则诘之曰：然则犬之性犹牛之性，牛之性犹人之性与？"盖谓犬牛之性不必善，而人性独善也。对于其第二说，则曰："戕贼杞柳而后可以为桮棬，然则亦将戕贼人以为仁义与？"言人性不待矫揉而为仁义也。对于第三说，则曰："水信无分于东西，无分于上下乎？今夫水，搏而跃之，可使过颡；激而行之，可使在山。是岂水之性也哉？"人之为不善，亦犹是也。水无有不下，人无有不善，则兼明人性虽善而可以使为不善之义，较前二说为备。虽然，是皆对于告子之说，而以论理之形式，强攻其设喻之不当。于性善之证据，未之及也。孟子则别有积以经验之心理，归纳而得之曰："人皆有不忍人之心。今人乍见孺子，将入于井，皆有怵惕恻隐之心，非所以内交于孺子之父母也，非所以要誉于乡党朋友也，非恶其声而然也。恻隐之心，人皆有之，仁之端也；羞恶之心，人皆有之，义之端也；辞让之心，人皆有之，礼之端也；是非之心，人皆有之，智之端也。"言仁义礼智之端，皆具于性，故性无不善也。虽然，孟子之所谓经验者如此而已。然则循其例而求之，即诸恶之端，亦未必无起原于性之证据也。

欲　孟子既立性善说，则于人类所以有恶之故，不可不有以解之。孟子则谓恶者非人性自然之作用，而实不尽其性之结果。山径不用，则茅塞之。山木常伐，则濯濯然。人性之障蔽而梏亡也，亦若是。是皆欲之咎也。故曰："养心莫善于寡欲。其为人也寡欲，虽有不存焉者寡矣；其为人也多欲，虽有存焉者寡矣。"孟子之意，殆以欲为善之消极，而初非有独立之价值。然于其起原，一无所论究，亦其学说之缺点也。

义　性善，故以仁为本质。而道德之法则，即具于其中，所以知其法则而使人行之各得其宜者，是为义，无义则不能行仁。即偶行之，而亦为意识之动作。故曰："仁，人心也；义，人路也。"于是吾人之修身，亦有积极、消极两作用：积极者，发挥其性所固有之善也；消极者，求其放心也。

浩然之气　发挥其性所固有之善将奈何？孟子曰："在养浩然之气。"浩然之气者，形容其意志中笃信健行之状态也。其潜而为势力也甚静稳，其动而为作用也又甚活泼。盖即中庸之所谓诚，而自其动作之方面形容之。一言以蔽之，则仁义之功用而已。

求放心　人性既善，则常有动而之善之机，惟为欲所引，则往往放其良心而不顾。故曰："人岂无仁义之心哉。其所以放其良心者，亦犹斧斤之于木也，旦旦而伐之。虽然，已放之良心，非不可以复得也。人自不求之耳。"故又曰："学问之道无他，求其放心而已矣。"

孝弟　孟子之伦理说，注重于普遍之观念，而略于实行之方法。其言德行，以孝弟为本。曰:“孩提之童，无不知爱其亲也。及其长也，无不知敬其兄也。亲亲，仁也；敬长，义也。无他，达之天下也。”又曰：“尧、舜之道，孝弟而已矣。”

大丈夫　孔子以君子代表实行道德之人格，孟子则又别以大丈夫代表之。其所谓大丈夫者，以浩然之气为本，严取与出处之界，仰不愧于天，俯不怍于人，不为外界非道非义之势力所左右，即遇困厄，亦且引以为磨炼身心之药石，而不以挫其志。盖应时势之需要，而论及义勇之价值及效用者也。其言曰：“说大人，则藐之，勿视其巍巍然。在彼者皆我所不为也，在我者皆古之制也，吾何畏彼哉？”又曰：“居天下之广居，立天下之正位，行天下之大道。得志，与民由之;不得志，独行其道。富贵不能淫，贫贱不能移，威武不能屈。此之谓大丈夫。”又曰：“天之将降大任于是人也，必先苦其心志，劳其筋骨，饿其体肤，空乏其身，行怫乱其所为，然后动心忍性，增益其所不能。”此足以观孟子之胸襟矣。

自暴自弃　人之性善，故能学则皆可以为尧、舜。其或为恶不已，而其究且如桀纣者，非其性之不善，而自放其良心之咎也，是为自暴自弃。故曰：“自暴者不可与有言也，自弃者不可与有为也。言非礼义，谓之自暴。吾身不能居仁由义，谓之自弃也。”

政治论　孟子之伦理说，亦推扩而为政治论。所谓有不忍人之心斯有不忍人之政者也。其理想之政治，以尧舜代表之。尝极论道德与生计之关系，劝农桑重教育。其因齐宣王好货好色好乐之语，而劝以与百姓同之。又尝言国君进贤退不肖，杀有罪，皆托始于国民之同意。以舜、禹之受禅，实迫于民视民听。桀纣残贼，谓之一夫，而不可谓之君。提倡民权，为孔子所未及焉。

结论　孟子承孔子、子思之学说而推阐之，其精深虽不及子思，而博大翔实则过之，其品格又足以相副，信不愧为儒家巨子。惟既立性善说，而又立欲以对待之，于无意识之间，由一元论而嬗为二元论，致无以确立其论旨之基础。盖孟子为雄伟之辨论家，而非沈静之研究家，故其立说，不能无遗憾焉。

第六章　荀子

小传　荀子名况，赵人。后孟子五十余年生。尝游齐楚。疾举世溷浊，国乱相继，大道蔽壅，礼义不起，营巫祝，信禨祥，邪说盛行，素俗坏风，爰述仲尼之论，礼乐之治。著书数万言，即今所传之《荀子》是也。

学说　汉儒述毛诗传授系统，自子夏至荀子，而荀子书中尝并称仲尼、子弓。子弓者，馯臂子弓也。尝受《易》于商瞿，而实为子夏之门人。荀子为子夏学派，殆无疑义。子夏治文学，发明章句。故荀子著书，多根据经训，粹然存学者之态度焉。

人道之原　荀子以前言伦理者，以宇宙论为基本，故信仰天人感应之理，而立性善说，至荀子，则划绝天人之关系，以人事为无与于天道，而特为各人之关系。于是有性恶说。

性恶说　荀子祖述儒家，欲行其道于天下，重利用厚生，重实践伦理，以研究宇宙为不急之务。自昔相承理想，皆以祯祥灾孽，彰天人交感之故。及荀子，则虽亦承认自然界之确有理法，而特谓其无关于道德，无关于人类之行为。凡治乱祸福，一切社会现象，悉起伏于人类之势力，而于天无与也。惟荀子既以人类势力为社会成立之原因，而见其间有自然冲突之势力存焉，是谓欲。遂进而以欲为天性之实体，而谓人性皆恶。是亦犹孟子以人皆有不忍人之心而因谓人性皆善也。

荀子以人类为同性，与孟子同也。故既持性恶之说，则谓人人具有恶性。桀纣为率性之极，而尧舜则怫性之功。故曰："人之性恶，其善者伪也（伪与为同）。"于是孟、荀二子之言，相背而驰。孟子持性善说，而于恶之所由起，不能自圆其说；荀子持性恶说，则于善之所由起，亦不免为困难之点。荀子乃以心理之状态解释之。曰："夫薄则愿厚，恶则愿善，狭则愿广，贫则愿富，贱则愿贵，无于中则求于外。"然则善也者，不过恶之反射作用。而人之欲善，则犹是欲之动作而已。然其所谓善，要与意识之善有别。故其说尚不足以自立，而其依据学理之倾向，则已胜于孟子矣。

性论之矛盾　荀子虽持性恶说，而间有矛盾之说。彼既以人皆有欲为性恶之由，然又以欲为一种势力。欲之多寡，初与善恶无关。善恶之标准为理，视其欲之合理与否，而善恶由是判焉。曰："天下之所谓善者，正理平治也；所谓恶者，偏险悖乱也。"是善恶之分也。又曰："心之所可，苟中理，欲虽多，奚伤治？心之所可，苟失理，欲虽寡，奚止乱？"是其欲与善恶无关之说也。又曰："心虚一而静。心未尝不臧，然而谓之虚；心未尝不满，然而谓之静；人生而有知，有知而后有志，有志者谓之臧。"又曰："圣人知心术之患，蔽塞之祸，故无欲无恶，无始无终，无近无远，无博无浅，无古无今，兼陈万物而悬衡于中。"是说也，与后世淮南子之说相似，均与其性恶说自相矛盾者也。

修为之方法　持性善说者，谓人性之善，如水之就下，循其性而存之、养之、扩充之，则自达于圣人之域。荀子既持性恶之说，则谓人之为善，如木之必待隐括矫揉而后直，苟非以人为矫其天性，则无以达于圣域。是其修为之方法，为消极主义，与性善论者之积极主义相反者也。

礼　何以矫性？曰礼。礼者不出于天性而全出于人为。故曰："积伪而化谓之圣。圣人者，伪之极也。"又曰："性伪合，然后有圣人之名。盖天性虽复常存，而积伪之极，则性与伪化。"故圣凡之别，即视其性伪化合之程度如何耳。积伪在于知礼，而知礼必由于学。故曰："学不可以已，其数，始于诵经，终于读礼。其义，始于士，终于圣人。学数有终，若其义则须臾不可舍。为之人也，舍之禽兽也。书者，政治之纪也。诗者，中声之止也。礼者，法之大分，群类之纲纪也。"故学至礼而止。

礼之本始　礼者，圣人所制。然圣人亦人耳，其性亦恶耳，何以能萌蘖至善之意识，而据之以为礼？荀子尝推本自然以解释之。曰："天地者，生之始也。礼义者，治之始也。君子者，礼义之始也。故天地生君子，君子理天地。君子者，天地之尽也，万物之总也，民之父母也。无君子则天地不理，礼义无统，上无君师，下无父子。"然则君子者，天地所特畀以创造礼义之人格，宁非与其天人无关之说相违与？荀子又尝推本人情以解说之。曰："三年之丧，称情而立文，所以为至痛之极也。"如其言，则不能不豫想人类之本有善性，是又不合于人性皆恶之说矣。

礼之用 荀子之所谓礼，包法家之所谓法而言之，故由一身而推之于政治。故曰："隆礼贵义者，其国治；简礼贱义者，其国乱。"又曰："礼者，治辨之极也，强国之本也，威行之道也，功名之总也。"王公由之，所以得天下；不由之，所以陨社稷。故坚甲利兵，不足以为胜；高城深池，不足以为固；严令繁刑，不足以为威。由其道则行，不由其道则废。"礼之用可谓大矣。

礼乐相济 有礼则不可无乐。礼者，以人定之法，节制其身心，消极者也。乐者，以自然之美，化感其性灵，积极者也。礼之德方而智，乐之德圆而神。无礼之乐，或流于纵恣而无纪；无乐之礼，又涉于枯寂而无趣。是以荀子曰："夫音乐，入人也深，而化人也速，故先王谨为之文，乐中平则民和而不流，乐肃庄则民齐而不乱，民和齐则兵劲而城固。"

刑罚 礼以齐之，乐以化之，而尚有顽冥不灵之民，不师教化，则不得不继之以刑罚。刑罚者，非徒惩已著之恶，亦所以慑佥人之胆而遏恶于未然者也。故不可不强其力，而轻刑不如重刑。故曰："凡刑人者，所以禁暴恶恶，且惩其末也。故刑重则世治，而刑轻则世乱。"

理想之君道　荀子知世羿之进化，后胜于前，故其理想之太平世，不在太古而在后世。曰："天地之始，今日是也。百王之道，后王是也。"故礼乐刑政，不可不与时变革，而为社会立法之圣人，不可不先后辈出。圣人者，知君人之大道者也。故曰："道者何耶？曰君道。君道者何耶？曰能群。能群者何耶？曰善生养人者也，善斑治人者也，善显役人者也，善藩饰人者也。"

结论　荀子学说，虽不免有矛盾之迹，然其思想多得之于经验，故其说较为切实。重形式之教育，揭法律之效力，超越三代以来之德政主义，而近接于法治主义之范围。故荀子之门，有韩非、李斯诸人，持激烈之法治论，此正其学说之倾向，而非如苏轼所谓由于人格之感化者也。荀子之性恶论，虽为常识所震骇，然其思想之自由，论断之勇敢，不愧为学者云。

第七章　老子

小传　老子姓李氏，名耳，字曰聃，苦县人也。不详其生年，盖长于孔子。苦县本陈地，及春秋时而为楚领。老子盖亡国之遗民也。故不仕于楚，而为周柱下史。晚年，厌世，将隐遁，西行，至函关，关令尹喜要之，老子遂著书五千余言，论道德之要，后人称为《道德经》云。

学说之渊源　《老子》二卷，上卷多说道，下卷多说德，前者为世界观，后者为人生观。其学说所自出，或曰本于黄帝，或曰本于史官。综观老子学说，诚深有鉴于历史成败之因果，而细绎以得之者。而其间又有人神地理之影响。盖我国南北二方，风气迥异。当春秋时，楚尚为齐、晋诸国之公敌，而被摈于蛮夷之列。其冲突之迹，不惟在政治家，即学者维持社会之观念，亦复相背而驰。老子之思想，足以代表北方文化之反动力矣。

学说之趋向　老子以降，南方之思想，多好为形而上学之探究。盖其时北方儒者，以经验世界为其世界观之基础。繁其礼法，缛其仪文，而忽于养心之本旨。故南方学者反对之。北方学者之于宇宙，仅究现象变化之规则；而南方学者，则进而阐明宇宙之实在。故知伦理学者，几非南方学者所注意，而且以道德为消极者也。

道　北方学者之所谓道，宇宙之法则也。老子则以宇宙之本体为道，即宇宙全体抽象之记号也。故曰："致虚则极，守静则笃，万物并作，吾以观其复。夫物芸芸然，各归其根曰静，静曰复命，复命曰常，知常曰明。"言道本静虚，故万物之本体亦静虚，要当纯任自然，而复归于静虚之境。此则老子厌世主义之根本也。

德　老子所谓道，既非儒者之所道，因而其所谓德，亦非儒者之所德。彼以为太古之人，不识不知，无为无欲，如婴儿然，是为能体道者。其后智慧渐长，惑于物欲，而大道渐以澌灭，其时圣人又不揣其本而齐其末，说仁义，作礼乐，欲恃繁文缛节以拘梏之。于是人人益趋于私利，而社会之秩序，益以紊乱。及今而救正之，惟循自然之势，复归于虚静，复归于婴儿而已。故曰："小国寡民，有什伯之器而不用，使民重死而不远徙。虽有舟舆，无所乘之；虽有甲兵，无所陈之，使人复结绳而用之，甘其食，美其服，安其居，乐其俗，邻国相望，鸡犬之声相闻，民至老死不相往来。"老子所理想之社会如此。其后庄子之《胠箧篇》又述之。至陶渊明，又益以具体之观念，而为《桃花源记》。足以见南方思想家之理想，常为遁世者所服膺焉。

老子所见，道德本不足重，且正因道德之崇尚，而足征世界之浇漓，苟循其本，未有不爽然自失者。何则？道德者，由相对之不道德而发生。仁义忠孝，发生于不仁不义不忠不孝。如人有疾病，始需医药焉。故曰："大道废，有仁义。智慧出，有大伪。六亲不和，有孝慈。国家昏乱，有忠臣。"又曰："上德不德，是以有德；下德不失德，是以无德。上德无为而无以为，下德为之而有以为，上仁为之而无以为，上义为之而有以为，上礼为之而无应之，则攘臂而争之。故失道而后德，失德而后仁，失仁而后义，失义而后礼。夫礼者，忠信之薄，乱之首也。前识者，道之华，愚之始也。是以大丈夫处厚而不居薄，处实而不居华，故去彼取此。"

道德论之缺点　老子以消极之价值论道德，其说诚然。盖世界进化，人事日益复杂，而害恶之条目日益繁殖，于是禁止之预备之作用，亦随之而繁殖。此即道德界特别名义发生之所由，征之历史而无惑者也。然大道何由而废？六亲何由而不和？

国家何由而昏乱？老子未尝言之，则其说犹未备焉。

因果之倒置　世有不道德而后以道德救之，犹人有疾病而以医药疗之，其理诚然。然因是而遂谓道德为不道德之原因，则犹以医药为疾病之原因，倒因而为果矣。老子之论道德也，盖如此。曰:“古之善为道者，非以明民，将以愚之。民之难治，以其智多。以智治国，国之贼，不以智治国，国之福。”又曰:“绝圣弃智，民利百倍;绝仁弃义，民复教慈;绝巧弃利，盗贼无有。天下多忌讳而民弥贫，民利益多，国家滋昏，人多伎巧，奇物滋起，法令滋彰，盗贼多有。”盖世之所谓道德法令，诚有纠扰苛苦，转足为不道德之媒介者，如庸医之不能疗病而转以益之。老子有激于此，遂谓废弃道德，即可臻于至治，则不得不谓之谬误矣。

齐善恶　老子又进而以无差别界之见，应用于差别界，则为善恶无别之说。曰:“道者，万物之奥，善人之宝，不善人之保。”是合善恶而悉谓之道也。又曰：“天下皆知美之为美，斯恶矣；皆知善之为善，斯不善矣。”言丑恶之名，缘美善而出。苟无美善，则亦无所谓丑恶也。是皆绝对界之见，以形而上学之理绳之，固不能谓之谬误。然使应用其说于伦理界，则直无伦理之可言。盖人类既处于相对之世界，固不能以绝对界之理相绳也。老子又为辜较之言曰:“唯之与阿，相去几何？善之与恶，相去奚若？”则言善恶虽有差别，而其别甚微，无足措意。然既有差别，则虽至极微之界，岂得比而同之乎？

无为之政治　老子既以道德为长物，则其视政治也亦然。

其视政治为统治者之责任，与儒家同。惟儒家之所谓政治家，在道民齐民，使之进步；而老子之说，则反之，惟循民心之所向而无忤之而已。故曰："圣人无常心，以百姓之心为心。善者吾善之，不善者吾亦善之，德善也。信者吾信之，不信者吾亦信之，德信也。圣人之在天下，歙歙然不为天下浑其心，百姓皆注耳目也，圣人皆孩之。"

法术之起原　老子既主无为之治，是以斥礼乐，排刑政，恶甲兵。甚且绝学而弃智。虽然，彼亦应时势而立政策。虽于其所说之真理，稍若矛盾，而要仍本于其齐同善恶之概念。故曰："将欲噏之，必固张之。将欲纳之，必固强之。将欲废之，必固兴之。将欲夺之，必固与之。"又曰："以正治国，以奇用兵。"又曰："用兵有言，吾不为主而为客。"又曰："天之道，其犹张弓乎，高者抑之，下者举之，有余者损之，不足者补之。天道损有余而补不足，人之道不然，损不足以奉有余，孰能以有余奉天下？惟有道者而已。是以圣人为而不恃，功成而不处，不欲见其贤。"由是观之，老子固精于处世之法者。彼自立于齐同美恶之地位，而以至巧之策处理世界。俄虽斥智慧为废物，而于相对界，不得不巧施其智慧。此其所以为权谋术数所自出，而后世法术家皆奉为先河也。

结论　老子之学说，多偏激，故能刺冲思想界，而开后世思想家之先导。然其说与进化之理相背驰，故不能久行于普通健全之社会，其盛行之者，惟在不健全之时代，如魏、晋以降六朝之间是已。

第八章 庄子

老子之徒，自昔庄、列并称。然今所传列子之书，为魏、晋间人所伪作，先贤已有定论。仅足藉以见魏晋人之思潮而已，故不序于此。而专论庄子。

小传 庄子，名周，宋蒙县人也。尝为漆园吏。楚威王聘之，却而不往。盖愤世而隐者也。（案：庄子盖稍先于孟子，故书中虽诋儒家而不及孟。而孟子之所谓杨朱，实即庄周。古音庄与杨、周与朱俱相近，如荀卿之亦作孙卿也。孟子曰："杨氏为我，拔一毫而利天下不为也。"又曰："杨朱、墨翟之言盈天下，杨氏为我，是无君也。"《吕氏春秋》曰："阳子贵己。"《淮南子·氾论训》曰："全性保真，不以物累形，杨子之所立也。而孟子非之。"贵己保真，即为我之正旨。庄周书中，随在可指。如许由曰："予无所用天下为。"连叔曰："之人也，之德也，将旁礴万物以为一世也。靳乎乱，孰弊弊焉以天下为事，是其尘垢秕糠，犹将陶铸尧、舜者也。孰肯以物为事。"其他类是者，不可以更仆数，正孟子所谓拔一毛而利天下不为者也。子路之诋长沮桀溺也，曰："废君臣之义。"曰："欲洁其身而乱大伦。"正与孟子所谓杨氏无君相同。至列子《杨朱》篇，则因误会孟子之言而附会之者。如其所言，则纯然下等之自利主义，不特无以风动天下，而且与儒家言之道德，截然相反。孟子所以斥之者，岂仅曰无君而已。余别有详考，附著其略于此云。）

学派 韩愈曰："子夏之学，其后有田子方，子方之后流而为庄子。"其说不知所本。要之老子既出，其说盛行于南方。庄子生楚、魏之间受其影，而以其闳眇之思想廓大之。不特于老子权谋术数之见，一无所染。而其形而上界之见地，亦大有进步，已浸浸接近于佛说。庄子者，超绝政治界，而纯然研求哲理之大思想家也。汉初盛言黄老。魏、晋以降，盛言老庄。此亦可以观庄子与老佛异同之朕兆矣。

庄子之书，存者凡三十三篇：内篇七，外篇十五，杂篇十一。内篇义旨闳深，先后互相贯注，为其学说之中坚。外篇、杂篇，则所以反覆推明之者也。杂篇之《天下》篇，历叙各家道术而批判之，且自陈其宗旨之所在，与老子有同异焉。是即庄子之自叙也。

世界观及人生观 庄子以世界为由相对之现象而成立，其本体则未始有对也，无为也，无始无终而永存者也，是为道。故曰："彼是无得其偶谓之道。"曰："道未始有对。"由是而其人生观，亦以反本复始为主义。盖超越相对界而认识绝对无终之本体，以宅其心意之谓也。而所以达此主义者，则在虚静恬淡，屏绝一切矫揉造作之为，而悉委之于自然。忘善恶，脱苦厄，而以无为处世。故曰："大块载我以形，劳我以生，佚我以老，息我以死。故善吾生者，乃所以善吾死者也。"夫生死且不以婴心，更何有于善恶耶！

理想之人格　能达此反本复始之主义者，庄子谓之真人，亦曰神人、圣人。而称其才为全才。尝于其《大宗师》篇详说之。曰:“古之真人，不逆寡，不雄成，不暮士。若然者，过而弗悔，当而不自得也。登高不栗，入水不濡，入火不热，其觉无忧，其息深深。”又曰：“不知说生，不知恶死。其出不䜣，其入不距。翛然往来，不忘其所始，不求其所终。受而喜之，忘而复之，是之谓不以心捐道，不以人助天，是之谓真人。”其他散见各篇者多类此。

修为之法　凡人欲超越相对界而达于极对界，不可不有修为之法。庄子言其卑近者，则曰：“微志之勃，解心之谬，去德之累，进道之塞。贵、富、显、严、名、利，六者，勃志也。容、动、色、理、气、意，六者，谬心也。恶、欲、喜、怒、哀、乐，六者，累德也。去、就、取、与、知、能，六者，塞道也。此四六者不荡胸中，则正。正则静，静则明，明则虚，虚则无为而无不为也。”是其消极之修为法也。又曰：“夫道，覆载万物者也。洋洋乎大哉，君子不可以不刳心焉。无为为之之谓天，无为言之之谓德，爱人利物之谓仁，不同同之之谓大，行不崖异之谓宽，有万不同之谓富，故执德之纪，德成之谓立，循于道之谓备，不以物挫志之谓完。君子明于此十者，则韬乎其事心之大也。沛乎其为万物逝也。”是其积极之修为法也。合而言之，则先去物欲，进而任自然之谓也。

内省　去“四六害”，明“十事”，皆对于外界之修为也。庄子更进而揭其内省之极工是谓心斋，于《人间世》篇言之曰:

颜回问心斋，仲尼曰："一若志无听之以耳而听之以心，无听之以心而听之以气。听止于耳，心止于符。气也者，虚而待物者也，惟道集虚。虚者，心斋也。心斋者，绝妄想而见性真也。"彼尝形容其状态曰："南郭子綦隐几而坐，仰天而嘘，嗒然似丧其耦。颜成子游曰：'何居乎？形固可使如槁木，而心固可使如死灰乎？'孔子见老子，老子新沐，方被发而干之，慹然似非人者。孔子进见曰：'向者，先生之形体，掘若槁木，似遗世离人而立于独。'老子曰：'吾方游于物之始。'"游于物之始，即心斋之作用也。其言修为之方，则曰："吾守之三日而后能外天下，又守之七日而后能外物，又守之九日而后能外生，外生而后能朝彻，朝彻而后能见独，见独而后能无古今，无古今而后入不死不生。"又曰："一年而野，二年而从，三年而通，四年而物，五年而来，六年而鬼入，七年而天成，八年而不知生不知死，九年而大妙。"盖相对世界，自物质及空间、时间两形式以外，本无所有。庄子所谓外物及无古今，即超绝物质及时间、空间，纯然绝对世界之观念。或言自三日以至九日，或言自一年以至九年，皆不过假设渐进之程度。惟前者述其工夫，后者述其效验而已。庄子所谓心斋，与佛家之禅相似。盖至是而南方思想，已与印度思想契合矣。

北方思想之驳论　庄子之思想如此，则其与北方思想，专以人为之礼教为调摄心性之作用者，固如冰炭之不相入矣。故于儒家所崇拜之帝王，多非难之。曰："三皇五帝之治天下也，名曰治之，乱莫甚焉，使人不得安其性命之情，而犹谓之圣人，不可耻乎！”又曰：“昔者皇帝始以仁义撄人之心，尧舜于是乎股无胈，胫无毛，以养天下之形。愁其五藏，以为仁义，矜其血气，以规法度，然犹有不胜也。尧于是放讙兜，投三苗，流共工，此不胜天下也。夫施及三王而天下大骇矣。下有桀跖，上有曾史，而儒墨毕起。于是乎喜怒相疑，愚知相欺，善否相非，诞信相讥，而天下衰矣。大德不同而性命烂漫矣。天下好知而百姓求竭矣。于是乎锯制焉，绳墨杀焉，椎凿决焉，天下脊脊大乱，罪在撄人心。”其他全书中类此者至多。其意不外乎圣人尚智慧，设差别，以为争乱之媒而已。

排仁义　儒家所揭以为道德之标帜者，曰仁义。故庄子排之最力，曰：“骈拇枝指，出乎性哉？而侈于德。附赘悬疣，出乎形哉？而侈于性，多方乎仁义而用之者，列乎五藏哉？而非道德之正也。性长非所断，性短非所续，无所去忧也。意仁义其非人情乎？彼仁人何其多忧也。且夫待钩墨规矩而正者，是削其性也。待绳约胶漆而固者，是侵其德也，屈折礼乐，呴俞仁义，以慰天下之心者，此失其常然也。常然者，天下诱然皆生而不知其所以生，同焉皆得而不知其所以得。故古今不二，不可亏也，则仁义又奚连连如胶漆缧索而游乎道德之间为哉！”盖儒家之仁义，本所以止乱。而自庄子观之，则因仁义而更以致乱，以其不顺乎人性也。

道德之推移　庄子之意，世所谓道德者，非有定实，常因时地而迁移。故曰：“水行无若用舟，陆行无若用车，以舟之可行于水也，而推之于陆，则没世而不行寻常。古今非水陆耶？

周鲁非舟车耶？今蕲行周于鲁，犹推舟于陆，劳而无功，必及于殃。夫礼义法度，应时而变者也。今取猿狙而衣以周公之服，彼必龁啮挽裂，尽去之而后慊。古今之异，犹猿狙之于周公也。”庄子此论，虽若失之过激，然儒家末流，以道德为一定不易，不研求时地之异同，而强欲纳人性于一冶之中者，不可不以庄子此言为药石也。

道德之价值 庄子见道德之随时地而迁移者，则以为其事本无一定之标准，徒由社会先觉者，藉其临民之势力，而以意创定。凡民率而行之，沿袭既久，乃成习惯。苟循其本，则足知道德之本无价值，而率循之者，皆媚世之流也。故曰：“孝子不谀其亲，忠臣不谀其君。君亲之所言而然，所行而善，世俗所谓不肖之臣子也。世俗之所谓然而然之，世俗之所谓善而善之，不谓之道谀之人耶！”

道德之利害 道德既为凡民之事，则于凡民以上，必不能保其同一之威严。故不惟大圣，即大盗亦得而利用之。故曰：“将为胠箧探囊发匮之盗而为守备，则必摄缄縢，固扃鐍，此世俗之所谓知也。然而大盗至，则负匮揭箧探囊而趋，惟恐缄縢扃鐍之不固也。然则乡之所谓知者，不乃为大盗积者也。故尝试论之。世俗所谓知者，有不为大盗积者乎？所谓圣者，有不为大盗守者乎？何以知其然耶？昔者齐国所以立宗庙社稷，治邑屋州闾乡曲者，曷尝不法圣人哉？然而田成子一旦杀齐君而盗其国，所盗者岂独其国邪？并与其圣知之法而盗之。小国不敢非，大国不敢诛，十二世有齐国，则是不乃窃齐国并与其圣知之法，以守其盗贼之身乎？跖之徒问于跖曰：‘盗亦有道乎？’跖曰：‘何适而无有道耶！夫妄意室中之藏，圣也；入先勇也；出后义也；知可否，知也；分均仁也。五者不备而能成大盗者，未之有也。’由是观之，善人不得圣人之道不立，跖不得圣人之道不行。天下之善人少而不善人多，则圣人之利天下也少，而害天下也多。圣人已死，则大盗不起。”庄子此论，盖鉴于周季拘牵名义之弊。所谓道德仁义者，徒为大盗之所利用。故欲去大盗，则必并其所利用者而去之，始为正本清源之道也。

结论　自尧舜时，始言礼教，历夏及商，至周而大备。其要旨在辨上下，自家庭以至朝庙，皆能少不凌长，贱不凌贵，则相安而无事矣。及其弊也，形式虽存，精神澌灭。强有力者，如田常、盗跖之属，决非礼教所能制。而彼乃转恃礼教以为箝制弱小之具。儒家欲救其弊，务修明礼教，使贵贱同纳于轨范。而道家反对之。以为当时礼法，自束缚人民自由以外，无他效力，不可不决而去之。在老子已有圣人不仁、刍狗万物之说，庄子更大廓其义。举唐、虞以来之政治，诋斥备至，津津于许由北人无择薄天下而不为之流。盖其消极之观察？在悉去政治风俗间种种赏罚毁誉之属，使人人不失其自由，则人各事其所事，各得其所得，而无事乎损人以利已，抑亦无事乎损已以利人，而相忘于善恶之差别矣。其积极之观察，则在世界之无常，人生之如梦，人能向实体世界之观念而进行，则不为此世界生死祸福之所动，而一切忮求恐怖之念皆去，更无所恃于礼教矣。其说在社会方面，近于今日最新之社会主义。在学理方面，近于最新之神道学。其理论多轶出伦理学界，而属于纯粹哲学。兹刺取其有关伦理者，而撮记其概略如上云。

第九章 许行

周季农家之言，传者甚鲜。其有关于伦理学说者，惟许行之道。惟既为新进之徒陈相所传述，而又见于反对派孟子之书，其不尽真相，所不待言。然即此见于孟子之数语而寻绎之，亦有可以窥其学说之梗略者，故推论焉。

小传 许行盖楚人。当滕文公时，率其徒数十人至焉，皆衣褐，捆屦织席以为食。

义务权利之平等 商鞅称神农之世，公耕而食，妇织而衣，刑政不用而治。《吕氏春秋》称神农之教曰："士有当年而不耕者，天下或受其饥；女有当年而不织者，天下或受其寒。"盖当农业初兴之时，其事实如此。许行本其事实而演绎以为学说，则为人人各尽其所能，毋或过俭；各取其所需，毋或过丰。故曰："贤者与民并耕而食，饔飧而治。今也滕有仓廪府库，则是厉民而以自养也。"彼与其徒以捆屦织席为业未尝不明于通功易事之义。至孟子所谓劳心，所谓忧天下，则自许行观之，宁不如无为而治之为愈也。

齐物价 陈相曰："从许子之道，则市价不二，布帛长短同，麻缕丝絮轻重同，五谷多寡同，屦大小同，则贾皆相若。”盖其意以劳力为物价之根本，而资料则为公有，又专求实用而无取乎纷华靡丽之观以辨上下而别等夷，故物价以数量相准，而不必问其精粗也。近世社会主义家，慨于工商业之盛兴，野人之麇集城市，为贫富悬绝之原因，则有反对物质文明，而持尚农返朴之说者，亦许行之流也。

结论　许行对于政治界之观念，与庄子同。其称神农，则亦犹道家之称黄帝，不屑齿及于尧舜以后之名教也。其为南方思想之一支甚明。孟子之攻陈相也，曰:“陈良，楚产也。悦周公、仲尼之道，北学于中国，北方之学者，未能或之先也。”又曰:“今也南蛮鴂舌之人，非先王之道，子倍子之师而学之。”是即南北思潮不相容之现象也。然其时，南方思潮业已侵入北方，如齐之陈仲子，其主义甚类许行。仲子，齐之世家也。兄戴盖禄万钟。仲子以兄之禄为不义之禄而不食之，以兄之室为不义之室而不居之，避兄离母，居于于陵，身织屦妻辟纑，以易粟。孟子曰：“仲子不义，与之齐国而弗受。”又曰：“亡亲戚君臣上下。”其为粹然南方之思想无疑矣。

第十章 墨子

孔、老二氏，既代表南北思想，而其时又有北方思想之别派，崛起而与儒家言相抗者，是为墨子。韩非子曰："今之显学，儒墨也。"可以观墨学之势力矣。

小传 墨子，名翟，《史记》称其为宋大夫。善守御，节用。其年次不详，盖稍后于孔子。庄子称其以绳墨自矫而备世之急。孟子称其摩顶放踵利天下为之。盖持兼爱之说而实行之者也。

学说之渊源 宋者，殷之后也。孔子之评殷人曰："殷人尊神，率民而事神，先鬼而后礼，先罚而后赏。"墨子之明鬼尊天，皆殷人因袭之思想。《汉书·艺文志》谓墨学出于清庙之守，亦其义也。孔子虽殷后，而生长于鲁，专明周礼。墨子仕宋，则依据殷道。是为儒墨差别之大原因。至墨子节用、节葬诸义，则又兼采夏道。其书尝称道禹之功业，而谓公孟子曰："子法周而未法夏，子之古非古也。"亦其证也。

弟子 墨子之弟子甚多，其著者，有禽滑厘、随巢、胡非之属。与孟子论争者曰夷之，亦其一也。宋钘非攻，盖亦墨子之支别与？

有神论 墨子学说，以有神论为基础。《明鬼》一篇，所以述鬼神之种类及性质者至备。其言鬼之不可不明也。曰："三代圣王既没，天下失义，诸侯力正。夫君臣之不惠忠也，父子弟兄之不慈孝弟长贞良也。正长之不强于听治，贱人之不强于从事也。民之为淫暴寇乱盗贼，以兵刃毒药水火退无罪人乎道路，率径夺人车马衣裘以自利者，并作，由此始，是以天下乱。此其故何以然也？则皆以疑惑鬼神之有与无之别，不明乎鬼神之能赏贤而罚暴也。今若使天下之人，借若信鬼神之能赏贤而罚暴也，则夫天下岂乱哉？今执无鬼者曰：‘鬼神者固无有。’旦暮以为教诲乎天下之人，疑天下之众，使皆疑惑乎鬼神有无之别，是以天下乱。”然则墨子以罪恶之所由生为无神论，而因以明有神论之必要。是其说不本于宗教之信仰，及哲学之思索，而仅为政治若社会应用而设。其说似太浅近，以其《法仪》诸篇推之，墨子盖有见于万物皆神，而天即为其统一者，因自昔崇拜自然之宗教而说之以学理者也。

法天　儒家之尊天也，直以天道为社会之法则，而于天之所以当尊，天道之所以可法，未遑详也。及墨子而始阐明其故，于《法仪》篇详之曰：“天下从事者不可以无法仪，无法仪而其事能成者，无有。虽至士之为将相者皆有法，虽至百工从事者亦皆有法。百工为方以矩，为圆以规，直以绳，正以县，无巧工不巧工，皆以此五者为法。巧者能中之，不巧者虽不能中，放依以从事，犹逾己。故百工从事皆有法所度。今大者治天下，其次治大国，而无法所度，此不若百工辨也。然则吾人之所可以为法者何在？墨子曰：‘当皆法其父母奚若？天下之为父母者众，而仁者寡，若皆法其父母，此法不仁也。当皆法其学奚若？天下之为学者众，而仁者寡。若皆法其学，此法不仁也。当皆法其君奚若？天下之为君者众，而仁者寡。若皆法其学，此法不仁也。’法不仁不可以为法。”夫父母者，彝伦之基本；学者，知识之原泉；君者，于现实界有绝对之威力。然而均不免于不仁，而不可以为法盖。既在此相对世界中，势不能有保其绝对之尊严者也。而吾人所法，要非有全知全能永保其绝对之尊严，而不与时地为推移者，不足以当之，然则非天而谁？故曰：“莫若法天。天之行广而无私，其施厚而不德，其明久而不衰，故圣王法之。”既以天为法，动作有为，必度于天。天之所欲则为之，天所不欲则止。由是观之，墨子之于天，直以神灵视之，而不仅如儒家之视为理法矣。

天之爱人利人　人以天为法，则天意之好恶，即以决吾人之行止。夫天意果何在乎？墨子则承前文而言之曰：“天何欲何恶？天必欲人之相爱相利，而不欲人之相恶相贼也。奚以知之？以其兼而爱之、兼而利之也。奚以知其兼爱之而兼利之？以其兼而有之、兼而食之也。今天下无大小国，皆天之邑也。人无幼长贵贱，皆天之臣也。此以莫不犓羊豢犬猪絜为酒醴粢盛以敬事天，此不为兼而有之、兼而食之邪？天苟兼而有之食之，夫奚说以不欲人之相爱相利也。故曰：‘爱人利人者，天必福之。恶人贼人者，天必祸之。曰杀不辜者，得不祥焉。’夫奚说人为其相杀而天与祸乎？是以天欲人相爱相利、而不欲人相恶相贼也。

道德之法则　天之意在爱与利，则道德之法则，亦不得不然。墨子者，以爱与利为结合而不可离者也。故爱之本原，在近世伦理学家，谓其起于自爱，即起于自保其生之观念。而墨子之所见则不然。

兼爱　自爱之爱，与憎相对。充其量，不免至于屈人以伸己。于是互相冲突，而社会之纷乱由是起焉。故以济世为的者，不可不扩充为绝对之爱。绝对之爱，兼爱也，天意也。故曰："盗爱其室，不爱异室，故窃异室以利其室。贼爱其身，不爱人，故贼人以利其身。此何也？皆由不相爱。虽至大夫之相乱家，诸侯之相攻国者，亦然。大夫各爱其家，不爱异家，故乱异家以利其家。诸侯各爱其国，不爱异国，故攻异国以利其国。天下之乱物，具此而已矣。察此何自起，皆起不相爱。若使天下兼相爱，则国与国不相攻，家与家不相乱，盗贼无有，君臣父子皆能孝慈。若此则天下治。"

兼爱与别爱之利害　墨子既揭兼爱之原理，则又举兼爱、别爱之利害以证成之。曰："交别者，生天下之大害；交兼者，生天下之大利。是故别非也，兼是也。"又曰："有二士于此，其一执别，其一执兼。别士之言曰：'吾岂能为吾友之身若为吾身，为吾友之亲若为吾亲。'是故退睹其友，饥则不食，寒则不衣，疾病不侍养，死丧不葬埋。别士之言若此，行若此。兼士之言不然，行亦不然。曰：'吾闻为高士于天下者，必为其友之身若为其身，为其友之亲若为其亲。'是故退睹其友，饥则食之，寒则衣之，疾病侍养之，死丧葬埋之。兼士之言若此，行若此。"墨子又推之而为别君、兼君之事，其义略同。

行兼爱之道　兼爱之道，何由而能实行乎？墨子之所揭与儒家所言之忠恕同。曰："视人之国如其国，视人之家如其家，视入之身如其身。"

利与爱　爱者，道德之精神也，行为之动机也。而吾人之行为，不可不预期其效果。墨子则以利为道德之本质，于是其兼爱主义，同时为功利主义。其言曰："天者，兼爱之而兼利之。天之利人也，大于人之自利者。"又曰："天之爱人也，视圣人之爱人也薄；而其利人也，视圣人之利人也厚。大人之爱人也，视小人之爱人也薄；而其利人也，视小人之利人也厚。"其意以为道德者，必以利达其爱，若厚爱而薄利，则与薄于爱无异焉。此墨子之功利论也。

兼爱之调摄　兼爱者，社会固结之本质。然社会间人与人之关系，尝于不知不觉间，生亲疏之别。故孟子至以墨子之爱无差别为无父，以为兼爱之义，与亲疏之等不相容也。然如墨子之义，则两者并无所谓矛盾。其言曰："孝子之为亲度者，亦欲人之爱利其亲与？意欲人之恶贼其亲与？既欲人之爱利其亲也，则吾恶先从事，即得此，即必我先从事乎爱利人之亲，然后人报我以爱利吾亲也。诗曰：'无言而不仇，无德而不报，投我以桃，报之以李。'即此言爱人者必见爱，而恶人者必见恶也。"然则爱人之亲，正所以爱己之亲，岂得谓之无父耶？且墨子之对公输子也，曰："我钩之以爱，揣之以恭，弗钩以爱则不亲，弗揣以恭而速狎，狎而不亲，则速离。故交相爱，交相恭，犹若相利也。"然则墨子之兼爱，固自有其调摄之道矣。

勤俭　墨子欲达其兼爱之主义，则不可不务去争夺之原。

争夺之原恒在匮乏。匮乏之原，在于奢惰。故为《节用》篇以纠奢，而为非命说以明人事之当尽。又以厚葬久丧，与勤俭相违，特设《节葬》篇以纠之。而墨子及其弟子，则洵能实行其主义者也。

非攻 言兼爱则必非攻。然墨子非攻而不非守，故有《备城门》《备高临》诸篇。非如孟子所谓修其孝弟忠信，则可制梃以挞甲兵者也。

结论 墨子兼爱而法天，颇近于西方之基督教。其明鬼而节葬，亦含有尊灵魂贱体魄之意。墨家巨子，有杀身以殉学者，亦颇类基督。然墨子，科学家也，实利家也。其所言名数质力诸理，多合于近世科学。其论证，则多用归纳法，按切人事，依据历史，其《尚同》《尚贤》诸篇，则在得明天子及诸贤士大夫以统一各国之政俗，而泯其争。此皆其异于宗教家者也。墨子偏尚质实，而不知美术有陶养性情之作用，故非乐，是其蔽也。其兼爱主义则无可非者。孟子斥为无父，则门户之见而已。

第十一章 管子

周之季世，北有孔孟，南有老庄，截然两方思潮循时势而发展。而墨家毗于北，农家毗于南，如骖之靳焉。然此两方思潮，虽簧鼓一世，而当时君相，方力征经营，以富强其国为鹄的，则于此两派，皆以为迂阔不切事情，而摈斥之。是时有折衷南北学派，而洋洋然流演其中部之思潮，以应世用者，法家也。法家之言，以道为体，以儒为用。韩非子实集其大成。而其源则滥觞于孔老学说未立以前之政治家，是为管子。

小传 管子，名夷吾，字仲，齐之颍上人。相齐桓公，通货积财，与俗同好恶，齐以富强，遂霸诸侯焉。

著书 管子所著书，汉世尚存八十六篇，今又亡其十篇。其书多杂以后学之所述，不尽出于管氏也。多言政治及理财，其关于伦理学原则者如下。

学说之起原 管子学说，所以不同于儒家者，历史地理，皆与有其影响。周之兴也，武王有乱臣十人，而以周公旦、太公望为首选。周公守圣贤之态度，好古尚文，以道德为政治之本。太公挟豪杰之作用，长法兵，用权谋。故周公封鲁，太公封齐，而齐、鲁两国之政俗，大有径庭。《史记》曰："太公之就国也，道宿行迟，逆旅人曰：'吾闻之时难得而易失，客寝甚安，殆非就国者也。’太公闻之，夜衣而行，黎明至国。莱侯来伐，争营邱。太公至国，修政因其俗，简其礼，通工商之业，便鱼盐之利，人民多归之，五月而报政。周公曰：‘何疾也？’曰：‘吾简君臣之礼，而从其俗之为也。’鲁公伯禽，受封之鲁三年而后报政。周公曰：‘何迟也？’伯禽曰：‘变其俗，革其礼，丧三年而除之，故迟。’周公欢曰：‘呜呼！鲁其北面事齐矣。’”鲁以亲亲上恩为施政之主义，齐以尊贤上功为立法之精神，历史传演，学者不能不受其影响。是以鲁国学者持道德说，而齐国学者持功利说。而齐为东方鱼盐之国，是时吴、楚二国，尚被摈为蛮夷。中国之富源，齐而已。管子学说之行于齐，岂偶然耶！

理想之国家　有维持社会之观念者，必设一理想之国家以为鹄。如孔子以尧舜为至治之主，老庄则神游于黄帝以前之神话时代是也。而管子之所谓至治，则曰：“人人相和睦，少相居，长相游，祭祀相福，死哀相恤，居处相乐，入则务本疾作以满仓廪，出则尽节死敌以安社稷，坟然如一父之儿，一家之实。”盖纯然以固结其人民使不愧为国家之分子者也。

道德与生计之关系　欲固结其人民奈何？曰养其道德。然管子之意，以为人民之所以不道德，非徒失教之故，而物质之匮乏，实为其大原因。欲教之，必先富之。故曰：“仓廪实而知礼节，衣食足而知荣辱。”又曰：“治国之道，必先富民。民富易治，民贫难治。何以知其然也？民富则安乡重家，而敬上畏罪，故易治。民贫则反之，故难治。故治国常富，而乱国常贫。”

上下之义务　管子以人民实行道德之难易，视其生计之丰歉。故言为政者务富其民，而为民者务勤其，。曰："农有常业，女有常事，一夫不耕，或受之饥；一妇不织，或受之寒。"此其所揭之第一义务也。由是而进以道德。其所谓重要之道德，曰礼义廉耻，谓为国之四维。管子盖注意于人心就恶之趋势，故所揭者，皆消极之道德也。

结论　管子之书，于道德起原及其实行之方法，均未遑及。然其所抉道德与生计之关系，则于伦理学界有重大之价值者也。

管子以后之中部思潮　管子之说，以生计为先河，以法治为保障，而后有以杜人民不道德之习惯，而不至贻害于国家，纯然功利主义也。其后又分为数派，亦颇受影响于地理云。

（一）为儒家之政治论所援引，而与北方思潮结合者，如孟子虽鄙夷管子，而袭其道德生计相关之说。荀子之法治主义，亦宗之。其最著者为尸佼，其言曰："义必利，虽桀纣犹知义之必利也。"尸子鲁人，尝为商鞅师。

（二）纯然中部思潮，循管子之主义，随时势而发展，李悝之于魏，商鞅之于秦，是也。李悝尽地力，商鞅励农战，皆以富强为的，破周代好古右文之习惯者也。而商君以法律为全能，法家之名，由是立。且其思潮历三晋而衍于西方。

（三）与南方思潮接触，而化合于道家之说者，申不害之徒也。其主义君无为而臣务功利，是为术家。申子郑之遗臣，而仕于韩。郑与楚邻也。

当是时也，既以中部之思潮为调人，而一合于北、一合于南矣。及战国之末，韩非子遂合三部之思潮而统一之。而周季思想家之运动，遂以是为归宿也。

尸子、申子，其书既佚。惟商君、韩非子之书具存。虽多言政治，而颇有伦理学说可以推阐，故具论之。

第十二章 商君

小传 商君氏公孙，名鞅，受封于商，故号曰商君。君本卫庶公子，少好刑名之学。闻秦孝公求贤，西行，以强国之术说之，大得信任。定变法之令，重农战，抑亲贵，秦以富强。孝公卒，有谗君者，君被磔以死。秦袭君政策，卒并六国。君所著书凡二十五篇。

革新主义 管子，持通变主义者也。其于周制，虽不屑屑因袭，而未尝大有所摧廓。其时周室虽衰，民志犹未漓也。及战国时代时局大变，新说迭出。商君承管子之学说，遂一进而为革新主义。其言曰："前世不同教，何古是法？帝王不相复，何礼是循？伏羲神农，不教而诛。黄帝尧舜，诛而不怒。至于文武，各当时而立法，因事而制礼，礼法以时定，制令顺其宜，兵甲器备，各供其用。"故曰："治世者不二道，便国者不必古。汤武之王也，不循古而兴。商夏之亡也，不易礼而亡。"然则反古者未必非，而循礼者未足多，是也。又其驳甘龙之言曰："常人安于故俗，学者溺于所闻，两者以之居官守法可也，非所与论于法之外也。三代不同礼而王，五霸不同法而霸。智者作法，愚者制焉。贤者定法，不肖者拘焉。”商君之果断如此，实为当日思想界革命之巨子。固亦为时势所驱迫，而要之非有超人之特性者，不足以语此也。

旧道德之排斥　周末文胜，凡古人所标揭为道德者，类皆名存实亡，为干禄舞文之具，如庄子所谓儒以诗礼破冢者是也。商君之革新主义，以国家为主体，即以人民对于国家之公德为无上之道德。而凡袭私德之名号，以间接致害于国家者，皆竭力排斥之。故曰:“有礼，有乐，有诗，有书，有善，有修，有孝，有悌，有廉，有辨，有是十者，其国必削而至亡。”其言虽若过激，然当日虚诬吊诡之道德，非摧陷而廓清之，诚不足以有为也。

重刑　商君者，以人类为惟有营私背公之性质，非以国家无上之威权，逆其性而迫压之，则不能一其心力以集合为国家。故务在以刑齐民，而以赏为刑之附庸。曰:“刑者，所以禁夺也。赏者，所以助禁也。故重罚轻赏，则上爱民而下为君死。反之，重赏而轻罚，则上不爱民，而下不为君死。故王者刑九而赏一，强国刑七而赏三，削国刑五而赏亦五。”商君之理想既如此，而假手于秦以实行之，不稍宽假。临渭而论刑，水为之赤。司马迁评为天资刻薄，谅哉。

尚信　商君言国家之治，在法、信、权三者。而其言普通社会之制裁，则惟信。秉政之始，尝悬赏徙木以示信，亦其见端也，盖彼既不认私人有自由行动之余地，而惟以服从于团体之制裁为义务，则舍信以外，无所谓根本之道德矣。

结论 商君，政治家也，其主义在以国家之威权裁制各人。故其言道德也，专尚公德，以为法律之补助，而持之已甚，几不留各人自由之余地。又其观察人性，专以趋恶之一方面为断，故尚刑而非乐，与管子之所谓令顺民心者相反。此则其天资刻薄之结果，而所以不免为道德界之罪人也。

第十三章 韩非子

小传 韩非，韩之庶公子也。喜刑名法术之学。尝与李斯同学于荀卿，斯自以为不如也。韩非子见韩之削弱，屡上书韩王，不见用。使于秦，遂以策干始皇，始皇欲大用之，为李斯所谗，下狱，遂自杀。其所著书凡五十五篇，曰《韩子》。自宋以后，始加“非”字，以别于韩愈云。方始皇未见韩非子时，尝读其书而慕之。李斯为其同学而相秦，故非虽死，而其学说实大行于秦焉。

学说之大纲 韩非子者，集周季学者三大思潮之大成者也。其学说，以中都思潮之法治主义为中坚。严刑必罚，本于商君。其言君主尚无为，而不使臣下得窥其端倪，则本于南方思潮。其言君主自制法律，登进贤能，以治国家，则又受北方思潮之影响者。自孟、荀、尸、申后，三部思潮。已有互相吸引之势。韩非子生于韩，闻申不害之风，而又学于荀卿，其刻核之性质，又与商君相近。遂以中部思潮为根据，又甄择南北两派，取其足以应时势之急，为法治主义之助，而无相矛盾者，陶铸辟灌，成一家言。盖根于性癖，演于师承，而又受历史地理之影响者也。呜呼，岂偶然者！

性恶论　荀子言性恶，而商君之观察人性也，亦然。韩非子承荀、商之说，而以历史之事实证明之。曰："人主之患在信人。信人者，被制于人。人臣之于其君也，非有骨肉之亲也。缚于势而不得不事之耳。故人臣者，窥觇其君之心，无须臾之休，而人主乃怠傲以处其上，此世之所以有劫君弑主也。人主太信其子，则奸臣得乘子以成其私，故李兑傅赵王，而饿主父。人主太信其妻，则奸臣得乘妻以成其利，故优施傅骊姬而杀申生，立奚齐。夫以妻之近，子之亲，犹不可信，则其余尚可信乎？如是，则信者，祸之基也。其故何哉？"曰："王良爱马，为其驰也。越王勾践爱人，为其战也。医者善吮人之伤，含人之血，非骨肉之亲也，驱于利也。故舆人成舆，欲人之富贵，匠人成棺，欲人之夭死；非舆人仁而匠人贼也。人不贵则舆不售，人不死则棺不买，情非憎人也。利在人之死也。故后妃夫人太子之党成，而欲君之死，君不死则势不重。情非憎君也，利在君之死也。故人君不可不加心于利己之死者。"

威势　人之自利也，循物竞争存之运会而发展，其势力之盛，无与敌者。同情诚道德之根本，而人群进化，未臻至善，欲恃道德以为成立社会之要素，辄不免为自利之风潮所摧荡。韩非子有见于此，故公言道德之无效，而以威势代之。故曰："母之爱子也，倍于父，而父令之行于子也十于母。吏之于民也无爱，而其令之行于民也万于父母。父母积爱而令穷，吏用威严而民听，严爱之策可决矣。”又曰：“我以此知威势之足以禁暴，而德行之不足以止乱也。”又举事例以证之曰:“流涕而不欲刑者，仁也。然而不可不刑者，法也。先王屈于法而不听其泣，则仁之不足以为治明也。且民服势而不服义。仲尼，圣人也，以天下之大，而服从之者仅七十人。鲁哀公，下主也，南面为君，而境内之民无敢不臣者。今为说者，不知乘势，而务行仁义，是欲使人主为仲尼也。”

法律　虽然，威势者，非人主官吏滥用其强权之谓，而根本于法律者也。韩非子之所谓法，即荀卿之礼而加以偏重刑罚之义，其制定之权在人主。而法律既定，则虽人主亦不能以意出入之。故曰：“绳直则枉木斫，准平则高科削，权衡悬则轻重平，释法术而心治，虽尧不能正一国；去规矩而度以妄意，则奚仲不能成一轮。”又曰：“明主一于法而不求智。”

变通主义　荀卿之言礼也，曰法后王。（法后王即立新法，非如杨氏旧注以后王为文武也。）商君亦力言变法，韩非子承之。故曰：“上古之世，民不能作家，有圣人教之造巢，以避群害，民喜而以为王。其后有圣人，教民火食。降至中古，天下大水，而鲧禹决渎。桀纣暴乱，而汤武征伐。今有构木钻燧于夏后氏之世者，必为鲧禹笑。有决渎于殷周之世者，必为汤武笑矣。”又曰：“宋人耕田，田中有株，兔走而触株，折颈而死。其人遂舍耕而守株，期复得兔，兔不可复得，而身为宋国笑。”然则韩非子之所谓法，在明主循时势之需要而制定之，不可以泥古也。

重刑罚 商君、荀子皆主重刑，韩非子承之。曰："人不恃其身为善，而用其不得为非，待人之自为善，境内不什数，使之不得为非，则一国可齐而治。夫必待自直之箭，则百世无箭。必待自圆之木，则千岁无轮。而世皆乘车射禽者，何耶？用稳括之道也。虽有不待稳括而自直之箭，自圆之木，良工不贵也。何则？乘者非一人，射者非一发也。不待赏罚而恃自善之民，明君不贵也。有术之君，不随适然之善，而行必然之道。罚者，必然之道也。"且韩非子不特尚刑罚而已，而又尚重刑。其言曰："殷法刑弃灰于道者，断其手。子贡以为酷，问之仲尼，仲尼曰：'是知治道者也。夫弃灰于街，必掩人，掩人则人必怒，怒则必斗，斗则三族相灭，是残三族之道也，虽刑之可也。'且夫重罚者，人之所恶，而无弃灰，人之所易，使行其易者而无离于恶，治道也。"彼又言重刑一人，而得使众人无陷于恶，不失为仁，故曰："与之刑者，非所以恶民，而爱之本也。刑者，爱之首也。刑重则民静，然愚人不知，而以为暴。愚者固欲治，而恶其所以治者。皆恶危，而贵其所以危者。"

君主以外无自由 韩非子以君主为有绝对之自由，故曰："君不能禁下而自禁者曰劫，君不能节下而自节者曰乱。"至于君主以下，则一切人民，凡不范于法令之自由，皆严禁之。故伯夷、叔齐，世颂其高义者也，而韩非子则曰："如此臣者，不畏重诛，不利重赏，无益之臣也。"恬淡者，世之所引重也，而韩非子则以为可杀。曰："彼不事天子，不友诸侯，不求人，亦不从人之求，是不可以赏罚劝禁者也。如无益之马，驱之不前，却之不止，左之不左，右之不右。如此者，不令之民也。”

以法律统一名誉 韩非子既不认人民于法律以外有自由之余地，于是自服从法律以外，亦无名誉之余地。故曰：“世之不治者，非下之罪，而上失其道也。贵其所以乱，而贱其所以治。是故下之所欲，常相诡于上之所以为治。夫上令而纯信，谓之窭。守法而不变，谓之愚。畏罪者谓之怯。听吏者谓之陋。寡闻从令，完法之民也，世少之，谓之朴陋之民。力作而食，生利之民也，世少之，谓之寡能之民。重令畏事，尊上之民也，世少之，谓之怯慑之民。此贱守法而为善者也。反之而令有不听从，谓之勇。重厚自尊，谓之长者。行乖于世，谓之大人。贱爵禄不挠于上者，谓之杰士。是以乱法为高也。”又曰：“父盗而子诉之官，官以其忠君曲父而杀之，由是观之，君之直臣者，父之暴子也。”又曰：“汤武者，反君臣之义，乱后世之教者也。汤武，人臣也，弑其父而天下誉之。”然则韩非子之意，君主者，必举臣民之思想自由、言论自由而一切摧绝之者也。

排慈惠 韩非子本其重农尚战之政策，信赏必罚之作用，而演绎之，则慈善事业，不得不排斥。故曰：“施与贫困者，此世之所谓仁义也。哀怜百姓不忍诛罚者，此世之所谓惠爱也。夫施与贫困，则功将何赏？不忍诛罚，则暴将何止？故天灾饥馑，不敢救之。何则？有功与无功同赏，夺力俭而与无功无能，不正义也。”

结论 韩非子袭商君之主义，而益详明其条理。其于儒家、道家之思想，虽稍稍有所采撷，然皆得其粗而遗其精。故韩非子者，虽有总揽三大思潮之观，而实商君之嫡系也。法律实以道德为根原，而彼乃以法律统摄道德，不复留有余地；且于人类所以集合社会，所以发生道理法律之理，漠不加察，乃以君主为法律道德之创造者。故其揭明公德，虽足以救儒家之弊，而自君主以外，无所谓自由。且为君主者以术驭吏，以刑齐民，日以心斗，以为社会谋旦夕之平和。然外界之平和，虽若可以强制，而内界之俶扰益甚。秦用其说，而民不聊生，所谓万能之君主，亦卒无以自全其身家，非偶然也。故韩非子之说，虽有可取，而其根本主义，则直不容于伦理界者也。

第一期结论 吾族之始建国也，以家族为模型。又以其一族之文明，同化异族，故一国犹一家也。一家之中，父兄更事多，常能以其所经验者指导子弟。一国之中，政府任事专，故亦能以其所经验者指导人民。父兄之责，在躬行道德以范子弟，而著其条目于家教，子弟有不师教者责之。政府之责，在躬行道德，以范人民，而著其条目于礼，人民有不师教者罚之。（孔子所谓道之以德、齐之以礼是也。古者未有道德法律之界说，凡条举件系者皆以礼名之。至《礼记》所谓礼不下庶人，则别一义也。）故政府犹父兄也。（惟父兄不德，子弟惟怨慕而已，如舜之号泣于旻天是也。政府不德，则人民得别有所拥戴以代之，如汤武之革命是也。然此皆变例。）人民常抱有禀承道德于政府之观念。而政府之所谓道德，虽推本自然教，近于动机论之理想，而所谓天命有礼、天讨有罪，则实毗于功利论也。当虞夏之世，天灾流行，实业未兴，政府不得不偏重功利。其时所揭者，曰正德利用厚生。利用厚生者，勤俭之德；正德者，中庸之德也。（如皋陶所言之九德是也。）洎乎国代，家给人足，人类公性，不能以体魄之快乐自餍，恒欲进而求精神之幸福。周公承之，制礼作乐。礼之用方以智，乐之用圆而神。右文增美，尚礼让，斥奔竞。其建都于洛也，曰：使有德者易以兴，无德者易以亡，其尚公如此。盖于不知不识间，循时势之推移，偏毗于动机论，而排斥功利论矣。然此皆历史中递嬗之事实，而未立为学说也。管子鉴周治之弊而矫之，始立功利论。然其所谓下令如流水之原，令顺民心，则参以动机论者也。老子苦礼法之拘，而言大道，始立动机论。而其所持柔弱胜刚强之见，则犹未能脱功利论之范围也。商君、韩非子承管子之说，而立纯粹之功利论。庄子承老子之说，而立纯粹之动机论。是为周代伦理学界之大革命家。惟商、韩之功利论，偏重刑罚，仅有消极之一作用。而政府万能，压束人民，不近人情，尤不合于我族历史所孳生之心理。故其说不能久行，而惟野心之政治家阴利用之。庄子之动机论，几超绝物质世界，而专求精神之幸福。非举当日一切家族社会国家之组织而悉改造之，不足以普及其学说，尤与吾族父兄政府之观念相冲突。故其说不特恒为政治家所排斥，而亦无以得普通人之信用，惟遁世之士颇寻味之。（汉之政治家言黄老不言老庄以此。）其时学说，循历史之流委而组织之者，为儒墨二家。惟墨子绍述夏商，以挽周弊，其兼爱主义，虽可以质之百世而不惑，而其理论，则专以果效为言，纯然功利论之范围。

又以鬼神之祸福胁诱之，于人类所以能互相爱利之故，未之详也。而维循当日社会之组织，使人之克勤克俭，互相协助，以各保其生命，而亦不必有陶淑性情之作用。此必非文化已进之民族所能堪，故其说惟平凡之慈善家颇宗尚之。（如汉之《太上感应篇》，虽托于神仙家，而实为墨学。明人所传之《阴骘篇》《功过格》等，皆其流也。）惟儒家之言，本周公遗意，而兼采唐虞夏商之古义以调燮之。理论实践，无在而不用折衷主义：推本性道，以励志士，先制恒产，乃教凡民，此折衷于动机论与功利论之间者也。以礼节奢，以乐易俗，此折衷于文质之间者也。子为父隐。而吏不挠法，（如孟子言舜为天子，而瞽瞍杀人，则皋陶执之，舜亦不得而禁之。）此折衷于公德私德之间者也。人民之道德，禀承于政府，而政府之变置，则又标准于民心，此折衷于政府人民之间者也。敬恭祭祀而不言神怪，此折衷于人鬼之间者也。虽其哲学之闳深，不及道家；法理之精核，不及法家；人类平等之观念，不及墨家。又其所谓折衷主义者，不以至精之名学为基本，时不免有依违背施之迹，故不免为近世学者所攻击。然周之季世，吾族承唐虞以来二千年之进化，而凝结以为社会心理者，实以此种观念为大多数。此其学说所以虽小挫于秦，而自汉以后，卒为吾族伦理界不祧之宗，以至于今日也。

第二期　汉唐继承时代

第一章　总说

汉唐间之学风　周季，处士横议，百家并兴，焚于秦，罢黜于汉，诸子之学说熸矣。儒术为汉所尊，而治经者收拾烬余，治故训不暇给。魏晋以降，又遘乱离，学者偷生其间，无远志，循时势所趋，为经儒，为文苑，或浅尝印度新思想，为清谈。唐兴，以科举之招，尤群趋于文苑。以伦理学言之，在此时期，学风最为颓靡。其能立一家言、占价值于伦理学界者，无几焉。

儒教之托始　儒家言，纯然哲学家、政治家也。自汉武帝表章之，其后郡国立孔子庙，岁时致祭。学说有背于孔子者，得以非圣无法罪之。于是儒家具有宗教之形式。汉儒以灾异之说，符谶之文，糅入经义。于是儒家言亦含有宗教之性质。是为后世儒教之名所自起。

道教之托始 道家言，纯然哲学家也。自周季，燕齐方士，本上古巫医杂糅之遗俗，而创为神仙家言，以道家有全性葆真之说，则援傅之以为理论。汉武罢黜百家，而独好神仙。则道家言益不得不寄生于神仙家以自全。于是演而为服食，漫而为符箓，而道家遂具宗教之形式，后世有道教之名焉。

佛教之流入 汉儒治经，疲于故训，不足以餍颖达之士；儒家大义，经新莽曹魏之依托，而使人怀疑。重以汉世外戚宦寺之祸，正直之士，多遭惨祸，而汉季人民，酷罹兵燹，激而生厌世之念。是时，适有佛教流入，其哲理契合老庄，而尤为邃博，足以餍思想家。其人生观有三世应报诸说，足以慰藉不聊生之民。其大乘义，有体象同界之说，又无忤于服从儒教之社会。故其教遂能以种种形式，流布于我国。虽嘶有墟寺杀僧之暴主，庐居火书之建议，而不能灭焉。

三教并存而儒教终为伦理学之正宗 道、释二家，虽皆占宗教之地位，而其理论方面，范围于哲学。其实践方面，则辟谷之方，出家之法，仅为少数人所信从。而其他送死之仪，祈祷之式，虽窜入于儒家礼法之中，然亦有增附而无冲突。故在此时期，虽确立三教并存之基础，而普通社会之伦理学，则犹是儒家言焉。

第二章 淮南子

汉初惩秦之败，而治尚黄老，是为中部思潮之反动，而倾于南方思想。其时叔孙通采秦法，制朝仪。贾谊、晁错治法家，言治道。虽稍稍绎中部思潮之坠绪，其言多依违儒术，适足为武帝时独尊儒术之先驱。武帝以后，中部思潮，潜伏于北方思潮之中，而无可标揭。南部思潮，则萧然自处于政治界之外，而以其哲理调和于北方思想焉。汉宗室中，河间献王，王于北方，修经术，为北方思想之代表。而淮商南王安，王于南方，著书言道德及神仙黄白之术，为南方思想之代表焉。

小传 淮南王安，淮南王长之子也。长为文帝弟，以不轨失国，夭死。文帝三分其故地，以王其三子，而安为淮南王。安既之国，行阴德，拊循百姓，招致宾客方术之士数千人，以流名誉。景帝时，与于七国之乱，及败，遂自杀。

著书 安尝使其客苏飞、李尚、左吴、田由、雷被、毛被、何被、晋昌等八人，及诸儒大山小山之徒，讲论道德。为内书二十一篇，为外书若干卷，又别为中篇八卷，言神仙黄白之术，亦二十余万言。其内书号曰“鸿烈”。高诱曰：“鸿者大也，烈者明也，所以明大道也。”刘向校定之，名为《淮南内篇》，亦名《刘安子》。而其外书及中篇皆不传。

南北思想之调知 南北两思潮之大差别，在北人偏于实际，务证明政治道德之应用。南人偏于理想，好以世界观演绎为人生观之理论。皆不措意于差别界及无差别界之区畔，故常滋聚讼。苟循其本，固非不可以调和者。周之季，尝以中部思潮为绍介，而调和于应用一方面。及汉世，则又有于理论方面调和之者，淮南子、扬雄是也。淮南子有见于老庄哲学，专论宇宙本体，而略于研究人性，故特揭性以为教学之中心，而谓发达其性，可以达于绝对界。此以南方思想为根据，而辅之以北方思想者也。扬雄有见于儒者之言，虽本现象变化之规则，而推演之于人事，而于宇宙之本体，未遑研究，故撷取老庄哲学之宇宙观，以说明人性之所自。此以北方思想为根据，而辅之以南方思想者也。二者,取径不同,而其为南北思想理论界之调人,则一也。

道 淮南子以道为宇宙之代表，本于老庄；而以道为能调摄万有包含天则,则本于北方思想。其于本体、现象之间,差别界、无差别界之限,亦稍发其端倪。故于《原道训》言之曰:“夫道者,覆天载地，廓四方，析八极，高不可际，深不可测，包裹天地，禀授无形，虚流泉浡，冲而徐盈，混混滑滑，浊而徐清。故植之而塞天地,横之而弥四海,施之无穷而无朝夕,舒之而幎六合,卷之而不盈一握。约而能张，幽而能明，弱而能强，柔而能刚。横四维，含阴阳，纮宇宙，章三光。甚淖而滒，甚纤而微。山以之高，渊以之深，兽以之走，鸟以之飞，日月以之明，星历以之行，麟以之游，凤以之翔。泰古二皇，得道之柄，立于中央，神与化游，以抚四方。”虽然，道之作用，主于结合万有，而一切现象，为万物任意之运动，则皆消极者，而非积极者。故曰：“夫有经纪条贯，得一之道，而连千枝万叶，是故贵有以行令，贱有以忘卑，贫有以乐业，困有以处危。所以然者何耶？无他，道之本体，虚静而均，使万物复归于同一之状态者也。”故曰：“太上之道，生万物而不有，成化像而不宰。跂行喙息，蠉飞蝡动，待之而后生，而不之知德，待之而后死，而不之能怨。得以利而不能誉，用以败而不能非。收聚蓄积而不加富，旋县而不可究，纤微而不可勤，累之而不高，堕之而不下，虽益之而不众，虽损之而不寡，虽斲之而不薄，虽杀之而不残，虽凿之而不深，虽填之而不浅。忽兮怳兮，不可为象。怳兮忽兮，用而不屈。幽兮冥兮，应于无形。遂兮洞兮，虚而不动。卷归刚柔，俯仰阴阳。”

性 道既虚静，人之性何独不然，所以扰之使不得虚静者，知也。虚静者天然，而知则人为也。故曰：“人生而静，天之性也。感而后动，性之害也。物至而应之，知之动也。知与物接，而好憎生，好憎成形，知诱于外，而不能反己，无理灭矣。”于是圣人之所务，在保持其本性而勿失之。故又曰：“达其道者不以人易天，外化物而内不失其情，至无而应其求，时聘而要其宿，小大修短，各有其是，万物之至也。腾踊肴乱，不失其数。”

性与道合 虚静者，老庄之理想也。然自昔南方思想家，不于宇宙间认有人类之价值，故不免外视人性。而北方思想家子思之流，则颇言性道之关系，如《中庸》诸篇是也。淮南子承之，而立性道符同之义，曰:“清净恬愉，人之性也。”以道家之虚静，代中庸之诚，可谓巧于调节者。其齐俗训之言，曰：“率性而行之之谓道，得于天性之谓德。”即《中庸》所谓“率性之为道，修道之为教”也。于是以性为纯粹具足之体，苟不为外物所蔽，则可以与道合一。故曰:“夫素之质白，染之以涅则黑。缣之性黄，染之以丹则赤。人之性无邪，久湛于俗则易，易则忘本而若合于性。故日月欲明，浮云蔽之。河水欲清，沙石秽之。人性欲平，嗜欲害之。惟圣人能遗物而已。”夫人乘船而惑，不知东西，见斗极而悟。性，亦人之斗极也，有以自见，则不失物之情；无以自见，则动而失营。

修为之法 承子思之性论而立性善论者，孟子也。孟子揭修为之法，有积极、消极二义，养浩然之气及求放心是也。而淮南子既以性为纯粹具足之体，则有消极一义而已足。以为性者，无可附加，惟在去欲以反性而已。故曰:“为治之本，务在安民。安民之本，在足用。足用之本，在无夺时。无夺时之本，在省事。省事之本，在节欲。节欲之本，在反性。反性之本，在去载。去载则虚，虚则平。平者，道之素也。虚者，道之命也。能有天下者，必不丧其家。能治其家者，必不遗其身。能修其身者，必不忘其心。能原其心者，必不亏其性。能全其性者，必不惑于道。”载者，浮华也，即外界诱惑之物，能刺激人之嗜欲者也。然淮南子亦以欲为人性所固有而不能绝对去之，故曰：“圣人胜于心，众人胜于欲，君子行正气，小人行邪气。内便于性，外合于义，循理而动，不系于殉，正气也。重滋味，淫声色，发喜怒，不顾后患者，邪气也。邪与正相伤，欲与性相害，不可两立，一置则一废，故圣人损欲而从事于性。目好色，耳好声，口好味，接而说之，不知利害，嗜欲也。食之而不宁于体，听之而不合于道，视之而不便于性，三宫交争，以义为制者，心也。痤疽非不痛也。饮毒药，非不苦也。然而为之者，便于身也。渴而饮水，非不快也。饥而大食，非不澹也。然而不为之者，害于性也。四者，口耳目鼻，不知取去，心为之制，各得其所。"由是观之，欲之不可胜也明矣。凡治身养性，节寝处，适饮食，和喜怒，便动静，得之在己，则邪气因而不生。又曰："情适于性，则欲不过节。"然则淮南子之意，固以为欲不能尽灭，惟有以节之，使不至生邪气以害性而已。盖欲之适性者，合于自然，其不适于性者，则不自然，自然之欲可存，而不自然之欲，不可不勉去之。

善即无为 淮南子以反性为修为之极，则故以无为为至善，曰:所谓善者,静而无为也。所为不善者,躁而多欲也。适情辞余，无所诱惑，循性保真而无变。故曰：为善易。越城郭，逾险塞，奸符节，盗管金，篡杀矫诬，非人之性也。故曰：为不善难。

理想之世界 淮南子之性善说，本以老庄之宇宙观为基础，故其理想之世界，与老庄同。曰："性失然后贵仁，过失然后贵义。是故仁义足而道德迁，礼乐余则纯朴散，是非形则百姓昡，珠王尊则天下争。凡四者，衰世之道也，末世之用也。"又曰："古者民童蒙，不知东西，貌不羡情，言不溢行，其衣致煖而无文，其兵戈铢而无刃，其歌乐而不转，其哭哀而无声。凿井而饮，耕田而食，无所施其美，亦不求得，亲戚不相毁誉，朋友不相怨德，及礼义之生，货财之贵，而诈伪萌兴，非誉相纷，怨德并行。于是乃有曾参孝已之美，生盗跖庄跻之邪。故有大路龙旗羽盖垂缨结驷连骑，则必有穿窬折揵抽箕逾备之奸，有诡文繁绣弱裼罗纨，则必有菅跻跐踦短裼不完。故高下之相倾也，短修之相形也，明矣。”其言固亦有倒果为因之失，然其意以社会之罪恶，起于不平等；又谓至治之世，无所施其美，亦不求得，则名言也。

性论之矛盾 淮南子之书，成于众手，故其所持之性善说，虽如前述，而间有自相矛盾者。曰："身正性善，发愤而为仁，惽凭而为义，性命可说，不待学问而合于道者，尧舜文王也。沈湎耽荒，不能教以道者，丹朱商均也。曼颊皓齿，形夸骨徕，不待脂粉茅泽而可性说者，西施阳文也。啳呐哆呐，蒢蘧戚施，虽粉白黛黑，不能为美者，嫫母仳倠也。夫上不及尧舜，下不及商均，美不及西施，恶不及嫫母，是教训之所谕。”然则人类特殊之牲，有偏于善恶两极而不可变，如美丑焉者，常人列于其间，则待教而为善，是即孔子所谓性相近，惟上知与下愚不移者也。淮南子又常列举尧、舜、禹、文王、皋陶、启、契、史皇、羿九人之持性而论之曰："是九贤者，千岁而一出，犹继踵而生，今无五圣之天奉，四俊之才难，而欲弃学循性，是犹释船而欲碾水也。”然则常人又不可以循性，亦与其本义相违者也。

结论 淮南子之特长，在调和儒、道两家，而其学说，则大抵承前人所见而阐述之而已。其主持性善说，而不求其与性对待之欲之所自出，亦无以异于孟子也。

第三章　董仲舒

小传　董仲舒，广川人。少治春秋，景帝时，为博士。武帝时，以贤良应举，对策称旨。武帝复策之，仲舒又上三策，即所谓《天人策》也。历相江都王、胶西王，以病免，家居著书以终。

著书　《天人策》为仲舒名著，其第三策，请灭绝异学，统一国民思想，为武帝所采用，遂尊儒术为国教，是为伦理史之大纪念。其他所著书，有所谓《春秋繁露》《玉杯》《竹林》之属，其详已不可考。而传于世者号曰《春秋繁露》，盖后儒所缀集也。其间虽多有五行灾异之说，而关于伦理学说者，亦颇可考见云。

纯粹之动机论　仲舒之伦理学，专取动机论，而排斥功利说。故曰："正其义不谋其利，明其道不计其功。"此为宋儒所传诵，而大占势力于伦理学界者也。

天人之关系　仲舒立天人契合之说，本上古崇拜自然之宗教而敷张之。以为踪迹吾人之生系，自父母而祖父母而曾父母，又递推而上之，则不能不推本于天，然则人之父即天也。天者，不特为吾人理法之标准，而实有血族之关系，故吾人不可不敬之而法之。然则天之可法者何在耶？曰："天覆育万物，化生而养成之，察天之意，无穷之仁也。”天常以爱利为意，以养为事。又曰：“天生之以孝悌，无孝悌则失其所以生。地养之以衣食，无衣食则失其所以养。人成之以礼乐，无礼乐则失其所以。言三才之道惟一，而宇宙究极之理想，不外乎道德也。由是以人为一小宇宙，而自然界之变异，无不与人事相应。盖其说颇近于墨子之有神论，而其言天以爱利为道，亦本于墨子也。

性 仲舒既以道德为宇宙全体之归宿，似当以人性为绝对之善，而其说乃不然。曰：“禾虽出米，而禾未可以为米。性虽出善，而性未可以为善。茧虽有丝，而茧非丝。卵虽出雏，而卵非雏。故性非善也。性者，禾也，卵也，茧也。卵待复而后为善雏，茧待练而后为善丝，性待教训而后能善。善者，教诲所使然也，非质朴之能至也。”然则性可以为善，而非即善也。故又驳性善说曰：“循三纲五纪，通八端之理，忠信而博爱，敦厚而好礼，乃可谓善，是圣人之善也。故孔子曰：‘善人吾不得而见之，得见有恒者斯可矣。’由是观之，圣人之所谓善，亦未易也。善于禽兽，非可谓善也。”又曰：“天地之所生谓之性情，情与性一也，暝情亦性也。谓性善则情奈何？故圣人不谓性善以累其名。身之有性情也，犹天之有阴阳也。”言人之性而无情，犹言天之阳而无阴也。仁、贪两者，皆自性出，必不可以一名之也。

性论之范围 仲舒以孔子有上知下愚不移之说，则从而为之辞曰：“圣人之性，不可以名性，斗筲之性，亦不可以名性。性者，中民之性也。”是亦开性有三品说之端者也。

教 仲舒以性必待教而后善，然则教之者谁耶？曰；在王者，在圣人。盖即孔子之所谓上知不待教而善者也。故曰:“天生之，地载之，圣人教之。君者，民之心也。民者，君之体也。心之所好，天必安之。君之所命，民必从之。故君民者，贵孝悌，好礼义，重仁廉，轻财利，躬亲职此于上，万民听而生善于下，故曰：先王以教化民。”

仁义 仲舒之言修身也，统以仁义，近于孟子。惟孟子以仁为固有之道德性，而以义为道德法则之认识，皆以心性之关系言之；而仲舒则自其对于人我之作用而言之，盖本其原始之字义以为说者也。曰：“春秋之所始者，人与我也。所以治人与我者，仁与义也。仁以安人，义以正我，故仁之为言人也，义之为言我也，言名以别，仁之于人，义之于我，不可不察也。众人不察，乃反以仁自裕，以义设人，绝其处，逆其理，鲜不乱矣。”又曰：“春秋为仁义之法，仁之法在爱人，不在爱我。义之法在正我，不在正人。我不自正，虽能正人，而义不予。不被泽于人，虽厚自爱，而仁不予。”

结论 仲舒之伦理学说，虽所传不具，而其性论，不毗于善恶之一偏，为汉唐诸儒所莫能外。其所持纯粹之动机论，为宋儒一二学派所自出，于伦理学界颇有重要之关系也。

第四章　扬雄

小传　扬雄，字子云，蜀之成都人。少好学，不为章句训诂，而博览，好深湛之思，为人简易清净，不汲汲于富贵。哀帝时，官至黄门郎。王莽时，被召为大夫。以天凤七年卒，年七十一。

著书　雄尝治文学及言语学，作词赋及方言训纂篇等书。晚年，专治哲学，仿《易传》著《太玄》，仿《论语》著《法言》。《太玄》者，属于理论方面，论究宇宙现象之原理，及其进动之方式。《法言》者，属于实际方面，推究道德政治之法则。其伦理学说，大抵见于《法言》云。

玄　扬雄之伦理学说，与其哲学有密切之关系。而其哲学，则融会南北思潮而较淮南子更明晰更切实也。彼以宇宙本体为玄，即老庄之所谓道也。而又进论其动作之一方面，则本易象中现象变化之法则，而推阐为各现象公动之方式。故如其说，则物之各部分，与其全体，有同一之性质。宇宙间发生人类，人类之性，必同于宇宙之性。今以宇宙之本体为玄，则人各为一小玄体，而其性无不具有玄之特质矣。然则所谓玄者如何耶？曰："玄者，幽摛万物而不见形者也。资陶万物而生规，搁神明而定摹，通古今以开类，搁指阴阳以发气，一判一合，天地备矣。天日回行，刚柔接矣。还复其所，始终定矣。一生一死，性命莹矣。仰以观象，俯以观情，察性知命，原始见终，三仪同科，厚薄相劘，圆者杌陧，方者啬吝，嘘者流体，唫者凝形。”盖玄之本体，虽为虚静，而其中包有实在之动力，故动而不失律。盖消长二力，并存于本体，而得保其钧衡。故本体不失其为虚静，而两者之潜势力，亦常存而不失焉。

性 玄既如是，性亦宜然。故曰："天降生民，倥侗颛蒙。"谓乍观之，不过无我无知之状也。然玄之中，由阴阳之二动力互相摄而静定。则性之中，亦当有善恶之二分子，具同等之强度。如中性之水，非由蒸气所成，而由于酸碱两性之均衡也。故曰："人之性也，善恶混。修其善则为善人，修其恶则为恶人。气也者，适于善恶之马"也。雄所谓气，指一种冲动之能力，要亦发于性而非在性以外者也。然则雄之言性，盖折衷孟子性善、荀子性恶之二说而为之，而其玄论亦较孟、荀为圆足焉。

性与为 人性者，一小玄也。触于外力，则气动而生善恶。故人不可不善驭其气。于是修为之方法尚已。

修为之法 或问何如斯谓之人？曰：取四重，去四轻。何谓四重？曰：重言，重行，重貌，重好。言重则有法，行重则有德，貌重则有威，好重则有欢。何谓四轻？曰：言轻则招忧，行轻则招辜，貌轻则招辱，好轻则招淫。其言不能出孔子之范围。扬雄之学，于实践一方面，全袭儒家之旧。其言曰："老子之言道德也，吾有取焉。其槌提仁义，绝灭礼乐，吾无取焉。"以观其概矣。

模范 雄以人各为一小玄，故修为之法，不可不得师，得其师，则久而与之类化矣。故曰：“勤学不若求师。师者，人之模范也。”曰：“螟蠕之子，殪而遇蜾蠃，蜾蠃见之，曰：类我类我，久则肖之，速矣哉。七十子之似仲弓也，或问人可铸与？曰：孔子尝铸颜回矣。”

结论 扬雄之学说，以性论为最善，而于性中潜力所由以发动之气，未尝说明其性质，是其性论之缺点也。

第五章 王充

汉代自董、扬以外，著书立言，若刘向之《说苑》《新序》桓谭之《新论》，荀悦之《申鉴》，以至徐干之《中论》，皆不愧为儒家言，而无甚创见。其抱革新之思想，而敢与普通社会奋斗者，王充也。

小传 王充，字仲任，上虞人。师事班彪，家贫无书，常游洛阳市肆，阅所卖书，遂博通众流百家之言。著《论衡》八十五篇，养性书十六篇。今所传者惟《论衡》云。

革新之思想 汉儒之普通思想，为学理进步之障者二：曰迷信，曰尊古。王充对于迷信，有《变虚》《异虚》《感虚》《福虚》《祸虚》《龙虚》《禹虚》《道虚》等篇。于一切阴阳灾异及神仙之说，掊击不遗余力，一以其所经验者为断，粹然经验派之哲学也。其对于尊古，则有《刺孟》《非韩》《问孔》诸篇。虽所举多无关宏旨，而要其不阿所好之精神，有可取者。

无意志之宇宙论 论王充以人类为比例，以为凡有意志者必有表见其意志之机关，而宇宙则无此机关，则断为无意志。故曰:“天地者，非有为者也。凡有为者有欲，而表之以口眼者也。今天者如云雾，地者其体土也。故天地无口眼，而亦无为。”

万物生于自然 宇宙本无意志，仅为浑然之元气，由其无意识之动，而天地万物，自然生焉。王充以此意驳天地生万物之旧说。曰：“凡所谓生之者，必有手足，今云天地生之，而天地无有手足之理，故天地万物之生，自然也。”

气与形形与命 天地万物，自然而生，物之生也，各禀有一定之气，而所以维持其气者，不可不有相当之形。形成于生初，而一生之运命及性质，皆由是而定焉。故曰：“俱禀元气，或为禽兽，或独为人，或贵或贱，或贫或富，非天禀施有左右也。人物受性，有厚薄也。”又曰:“器形既成，不可小大。人体已定，不可减增。用气为性，性成命定。体气与形骸相抱，生死与期节相须。”又曰:“其命富者，筋力自强，命贵之人，才智自高。”（班彪尝作《王命论》，充师事彪，故亦言有命。）

骨相 人物之运命及性质，皆定于生初之形。故观其骨相，而其运命之吉凶，性质之美恶，皆得而知之。其所举因骨相而知性质之证例，有曰：“越王勾践长颈乌喙，范蠡以为可与共忧患而不可与共安乐。秦始皇隆准长耳鹰胸犀声，其性残酷而少恩云。”

性 王充之言性也，综合前人之说而为之。彼以为孟子所指为善者，中人以上之性，如孔子之生而好礼是也。荀子所指为恶者，中人以下之性，少而无推让之心者是也。至扬雄所谓善恶混者，则中人之性也。性何以有善恶？则以其禀气有厚薄多少之别。禀气尤厚尤多者，恬淡无为，独肖元气，是谓至德之人，老子是也。由是而递薄递少，则以渐不肖元气焉。盖王充本老庄之义，而以无为为上德云。

恶 王充以人性之有善恶，由于禀气有厚薄多少之别。此所谓恶，盖仅指其不能为善之消极方面言之，故以为禀气少薄之故。至于积极之恶，则又别举其原因焉。曰："万物有毒之性质者，由太阳之热气而来，如火烟入眼中，则眼伤。火者，太阳之热所变也。受此热气最甚者，在虫为蜂；在草为茑、巴豆、冶；在鱼为鲑、鲹、鯸，在人为小人。"然则充之意，又以为元气中含有毒之分子，而以太阳之热气代表之也。

结论 王充之特见，在不信汉儒天人感应之说。其所言人之命运及性质与骨相相关，颇与近世惟物论，以精神界之现象悉推本于生理者相类，在当时不可谓非卓识。惟彼欲以生初之形，定其一生之命运及性质，而不悟体育及智、德之教育，于变化体质及精神，皆有至大之势力，则其所短也。要之充实为代表当时思想之一人，盖其时人心已厌倦于经学家，天人感应五行灾异之说，又将由北方思潮而嬗于南方思想。故其时桓谭、冯衍皆不言谶，而王充有《变虚》《异虚》诸篇，且以老子为上德。由是而进，则南方思想愈炽，而魏晋清谈家兴焉。

第六章 清谈家之人生观

自汉以后，儒学既为伦理学界之律贯，虽不能人人实践，而无敢昌言以反对之者。不特政府保持之力，抑亦吾民族由习惯而为遗传性，又由遗传性而演为习惯，往复于儒教范围中，迭为因果，其根柢深固而不可摇也。其间偶有一反动之时代，显然以理论抗之者，为魏晋以后之清谈家。其时虽无成一家之言者，而于伦理学界，实为特别之波动。故钩稽事状，缀辑断语，而著其人生观之大略焉。

起原 清谈家之所以发生于魏晋以后者，其原因颇多：（一）经学之反动。汉儒治经，囿于诂训章句，牵于五行灾异，而引以应用于人事。积久而高明之士，颇厌其拘迂。（二）道德界信用之失。汉世以经明行修孝廉方正等科选举吏士，不免有行不副名者。而儒家所崇拜之尧舜周公，又迭经新莽魏文之假托，于是愤激者遂因而怀疑于历史之事实。（三）人生之危险。汉代外戚宦官，更迭用事。方正之士，频遭惨祸，而无救于危亡。由是兵乱相寻，贤愚贵贱，均有朝不保夕之势。于是维持社会之旧学说，不免视为赘疣。（四）南方思想潜势力之发展。汉武以后，儒家言虽因缘政府之力，占学界统一之权，而以其略于宇宙论之故，高明之士，采以自餍。故老庄哲学，终潜流于思想界而不灭。扬雄当儒学盛行时，而著书兼采老庄，是其证也。及王充时，潜流已稍稍发展。至于魏晋，则前之三因，已达极点，思想家不能不援老庄方外之观以自慰，而其流遂漫衍矣。（五）佛教之输入。当此思想界摇动之时，而印度之佛教，适乘机而输入，其于厌苦现世超度彼界之观念，尤为持之有故而言之成理。于是大为南方思想之助力，而清谈家之人生观出焉。

要素 清谈家之思想，非截然舍儒而合于道、佛也，彼盖灭裂而杂糅之。彼以道家之无为主义为本，而于佛教则仅取其厌世思想，于儒家则留其阶级思想（阶级思想者，源于上古时百姓、黎民之分，孔孟则谓之君子、小人，经秦而其迹已泯。然人类不平等之思想，遗传而不灭，观东晋以后之言门第可知也。）及有命论。（夏道尊命，其义历商周而不灭。孔子虽号罕言命，而常有有命、知命、俟命之语。惟儒家言命，其使人克尽义务，而不为境遇所移。汉世不遇之士，则藉以寄其怨愤。至王充而引以合于道家之无为主义，则清谈家所本也。）有阶级思想，而道、佛两家之人类平等观，儒、佛两家之利他主义，皆以为不相容而去之。有厌世思想，则儒家之克己，道家之清净，以至佛教之苦行，皆以为徒自拘苦而去之。有命论及无为主义，则儒家之积善，佛教之济度，又以为不相容而去之。于是其所余之观念，自等也，厌世也，有命而无可为也，遂集合而为苟生之惟我论，得以伪列子之《杨朱篇》代表之。（《杨朱篇》虽未能确指为何人所作，然以其理论与清谈家之言行正相符合，故假定为清谈家之学说。）略叙其说于下。

人生之无常《杨朱篇》曰："百年者，寿之大齐，得百年者千不得一。设有其一，孩抱以逮昏老，夜眠之所弭者或居其半，昼觉之所遗者又几居其半，痛疾哀苦亡失忧惧又或居其半，量十数年之中，逌然自得，无介焉之虑者，曾几何时！人之生也，奚为哉？奚乐哉？"曰："十年亦死，百年亦死，生为尧舜，死则腐骨，生为桀纣，死亦腐骨，一而已矣。"言人生至短至弱，无足有为也。阮籍之《大人先生传》，用意略同。曰："天地之永固，非世俗之所及。往者天在下，地在上，反复颠倒，未之安固，焉能不失律度？天固地动，山陷川起，云散震坏，六合失理，汝又焉得择地而行，趋步商羽。往者祥气争存，万物死虑，支体不从，身为泥土，根拔枝除，咸失其所，汝又安得束身修行，磬折抱鼓。李牧有功而身死，伯宗忠而世绝，进而求利以丧身，营爵赏则家灭，汝又焉得金玉万亿，挟纸奉君上全妻子哉？"要之，以有命为前提，而以无为为结论而已。

从欲 彼所谓无为者，谓无所为而为之者也。无所为而为之，则如何；曰："视吾力之所能至，以达吾意之所向而已。"《杨朱篇》曰："太古之人，知生之暂来，而死之暂去，故从心而不违自然。"又曰："恣耳之所欲听，恣目之所欲视，恣鼻之所欲向，恣口之所欲言，恣体之所欲安，恣意之所欲行。耳所欲闻者音声，而不得听之，谓之阏聪。目所欲见者美色，而不得见之，谓之阏明。鼻所欲向者椒兰，而不得嗅之，谓之阏颤。口所欲道者是非，而不得言之，谓之阏智。体所欲安者美厚，而不得从之，谓之阏适。意所欲为者放逸，而不得行之，谓之阏往。凡是诸阏，废虐之主。去废虐之主，则熙熙然以俟死，一日、一月、一年、十年，吾所谓养也（即养生）。拘于废虐之主，缘而不舍，戚戚然以久生，虽至百年、千年、万年，非吾所谓养也。”又设为事例以明之曰：“子产相郑，其兄公孙朝好酒，弟公孙穆好色。方朝之纵于酒也，不知世道之安危，人理之悔吝，室内之有亡，亲族之亲疏，存亡之哀乐，水火兵刃，虽交于前而不知。方穆之耽于色也，屏亲昵，绝交游。子产戒之。朝、穆二人对曰：‘凡生难遇而死易及，以难遇之生，俟易及之死，孰当念哉。而欲尊礼义以夸人，矫情性以招名，吾以此为不若死。’而欲尽一生之欢，穷当年之乐，惟患腹溢而口不得恣饮，力惫而不得肆情于色，岂暇忧名声之丑、性命之危哉！”清谈家中，如阮籍、刘伶、毕卓之纵酒，王澄、谢鲲等之以任放为达，不以醉裸为非，皆由此等理想而演绎之者也。

排圣哲 《杨朱篇》曰：“天下之美，归之舜禹周孔。天下之恶，归之桀纣。然而舜者，天民之穷毒者也。禹者，天民之忧苦者也。周公者，天民之危惧者也。孔子者，天民之遑遽者也。凡彼四圣，生无一日之欢，死有万世之名，名固非实之所取也；虽称之而不知，虽赏之而不知，与株块奚以异？桀者，天民之逸荡者也。纣者，天民之放纵者也。之二凶者，生有从欲之欢，死有愚暴之名，实固非名之所与也；虽毁之而不知，虽称之而不知，与株块奚以异？”此等思想，盖为汉魏晋间篡弑之历史所激而成者。如庄子感于田横之盗齐，而言圣人之言仁义适为大盗积者也，嵇康自言尝非汤武而薄周孔，亦其义也。此等问题，苟以社会之大，历史之久，比较而探究之，自有其解决之道，如孟子、庄子是也。而清谈家则仅以一人及人之一生为范围，于是求其说而不可得，则不得不委之于命。由怀疑而武断，促进其厌世之思想，惟从欲以自放而已矣。

旧道德之放弃《杨朱篇》曰："忠不足以安君，而适足以危身。义不足以利物，而适足以害生。安上不由忠而忠名灭，利物不由义而义名绝，君臣皆安物而不兼利，古之道也。"此等思想，亦迫于正士不见容而发，然亦由怀疑而武断，而出于放弃一切旧道德之一途。阮籍曰："礼岂为我辈设！"即此义也。曹操之枉奏孔融也，曰："融与白衣祢衡，跌荡放言，云：父之于子，当有何亲？论其本意，实为情欲发耳。子之于母，亦复奚为？譬如寄物瓶中，出则离矣。"此等语，相传为路粹所虚构，然使路粹不生丁是时，则亦不能忽有此意识。又如谢安曰："子弟亦何预人事，而欲使其佳。"谢玄曰："如芝兰不树，欲其生于庭阶耳。"此亦足以窥当时思想界之一斑也。

不为恶 彼等无在而不用其消极主义，故放弃道德，不为善也。而亦不肯为恶。范滂之罹祸也，语其子曰："我欲令汝为恶，则恶不可为，复令汝为美，则我不为恶。"盖此等消极思想，已萌芽于汉季之清流矣。《杨朱篇》曰："生民之不得休息者，四事之故：一曰寿，二曰名，三曰位，四曰货。为是四者，畏鬼，畏人，畏威，畏形，此之谓遁人。可杀可活，制命者在外，不逆命，何羡寿。不矜贵，何羡名。不要势，何羡位。不贪富，何羡货。此之谓顺民。"又曰："不见田父乎，晨出夜入，自以性之恒，啜菽茹藿，自以味之极，肌肉粗厚，筋节蜷急，一朝处以柔毛纾幕，荐以梁肉兰橘，则心痛体烦，而内热生病。使商鲁之君，处田父之地，亦不盈一时而惫，故野人之安，野人之美也，天下莫过焉。”彼等由有命论、无为论而演绎之，则为安分知足之观念。故所谓从欲焉者，初非纵欲而为非也。

排自杀 厌世家易发自杀之意识，而彼等持无为论，则亦反对自杀。《杨朱篇》曰：“孟孙阳曰：若是，则速亡愈于久生，践锋刃，入汤火，则得志矣。杨子曰：不然，生则废而任之，究其所欲，以放于尽，无不废焉，无不任焉，何遂欲迟速于其间耶？”（佛教本禁自杀，清谈家殆亦受其影响。）

不侵人之维我论 凡利己主义，不免损人，而彼等所持，则利己而并不侵人，为纯粹之无为论。故曰：古之人损一毫以利天下，不与也。悉天下以奉一人，不取也。人人不损一毫，人人不利天下，则天下自治。

反对派之意见 方清谈之盛行，亦有一二反对之者。如晋武帝时，傅玄上疏曰:“先王之御天下也，教化隆于上，清议行于下，近者魏武好法术，天下贵刑名。魏文慕通达，天下贱守节。其后纲维不摄，放诞盈朝，遂使天下无复清议。”惠帝时，裴颀作《崇有论》曰：“利欲虽当节制，而不可绝去，人事虽当节，而不可全无。今也，谈者恐有形之累，盛称虚无之美，终薄综世之务，贱内利之用，悖吉凶之礼，忽容止之表，渎长幼之序，混贵贱之级，无所不至。夫万物之性，以有为引，心者非事，而制事必由心，不可谓心为无也。匠者非器，而制器必须匠，不可谓非有匠也。”由是观之，济有者皆有也，人类既有，虚无何益哉。其言非不切著，而限于常识，不足以动清谈家思想之基础，故未能有济也。

结论 清谈家之思想，至为浅薄无聊，必非有合群性之人类所能耐，故未久而熸。其于儒家伦理学说之根据，初未能有所震撼也。

第七章 韩愈

方清谈之盛，南方学者，如王勃之流，尝援老庄以说经。而北方学者，如徐遵明、李铉辈，皆笃守汉儒诂训章句之学，至隋唐而未沫。齐陈以降，南方学者，倦于清谈，则竞趋于文苑，要之皆无关于学理者也。隋之时，龙门王通，始以绍述北方之思想自任，尝仿孔子作《王氏六经》，皆不传，传者有《中论》，其弟子所辑，以当孔氏之《论语》者也。其言皆夸大无精义，其根本思想，曰执中。其调和异教之见解，曰三教一致，然皆标举题目，而未有特别之说明也。唐中叶以后，南阳韩愈，慨六朝以来之文章，体格之卑靡，内容之浅薄，欲导源于群经诸子以革新之。于是始从事于学理之探究，而为宋代理学之先驱焉。

小传 韩愈，字退之，南阳人。年八岁，始读书。及长，尽通六经百家之学。贞元八年，擢进士第，历官至吏部侍郎，其间屡以直谏被贬黜。宪宗时，上《谏迎佛骨表》，其最著者也。穆宗时卒，谥曰文。

儒教论 愈之意，儒教者，因人类普通之性质，而自然发展，于伦理之法则，已无间然，决不容舍是而他求者也。故曰："夫先王之教何耶？博爱之谓仁，行而宜之之谓义，由是而之焉之谓道，足于己无待于外之谓德。""其文诗书易春秋，其法礼乐刑政，其民士农工商，其位君臣父子师友宾主昆弟夫妇，其服麻丝，其居宫室，其食粟米蔬果鱼肉，其道也易明，其教也易行。是故以之为己则顺而祥，以之为人则爱而公，以之为心则和而平，以之为天下国家，则处之而无不当。是故生得其情，死尽其常，郊而天神假，庙而人鬼飨。"其叙述可谓简而能赅，然第即迹象而言，初无关乎学理也。

排老庄 愈既以儒家为正宗，则不得不排老庄。其所以排之者曰："今其言曰，圣人不死，大盗不止。剖斗折衡，而民不争。呜呼！其亦不思而已矣。使古无圣人，则人类灭久矣。何则？无羽毛鳞甲以居寒热也。"又曰："今其言曰：曷不为太古之无事，是责冬之裘者，曰曷不易之以葛；责饥之食者，曰曷不易之以饮也。"又曰："老子之小仁义也，其所见者小也。彼以煦煦为仁，孑孑为义，其小之也固宜。"又曰："凡吾所谓道德，合仁与义而言之也，天下之公言也。老子之所谓道德，去仁与义而言之也，一人之私言也。"皆对于南方思想之消极一方面，而以常识攻击之；至其根本思想，及积极一方面，则未遑及也。

排佛教 王通之论佛也，曰：佛者，圣人也。其教，西方之教也。在中国则泥，轩车不可以通于越，冠冕不可以之胡，言其与中国之历史风土不相容也。韩愈之所以排佛者，亦同此义，而附加以轻侮之意。曰："今其法曰，必弃而君臣，去而父子，禁而相生相养之道，以求所谓清净寂灭。呜呼！其亦幸而出于三代之后，不见黜于禹汤文武周公孔子也。"盖愈之所排，佛教之形式而已。

性 愈之立说稍合于研究学理之范围者，性论也。其言曰："性有三品，上者善而已，中者可导而上下者也，下者恶而已。孟子之言性也，曰：人之性善。荀子之言性也，曰：人之性恶。杨子之言性也，人性善恶混。夫始也善而进于恶，始也恶而进于善，始也善恶混，而今也为善恶，皆举其中而遗其上下，得其一而失其二者也。"又曰："所以为性者五：曰仁，曰礼，曰信，曰义，曰智，上者主一而行四，中者少有其一而亦少反之，其于四也混，下者反一而悖四。"其说亦以孔子性相近及上下不移之言为本，与董仲舒同。而所以规定之者，较为明晳。至其以五常为人性之要素，而为三品之性，定所含要素之分量，则并无证据，臆说而已。

情 愈以性与情有先天、后天之别，故曰："性者，与生俱生者也。情者，接物而生者也。"又以情亦有三品，随性而为上中下。曰："所以为情者七：曰喜，曰怒，曰哀，曰惧，曰爱，曰恶，曰欲，上者，七情动而处其中。中者有所甚，有所亡，虽然，求合其中者也。下者，亡且甚，直情而行者也。"如其言，则性情殆有体用之关系。故其品相因而为上下，然愈固未能明言其所由也。

结论 韩愈，文人也，非学者也。其作《原道》也，曰："尧以是传之舜，舜以是传之禹，禹以是传之汤，汤以是传之文武周公，文武周公传之孔子，孔子传之孟轲，轲之死不得其传也。"隐然以传者自任。然其立说，多敷演门面，而绝无精深之义。其功之不可没者，在尊孟子以继孔子，而标举性情道德仁义之名，揭排斥老佛之帜，使世人知是等问题，皆有特别研究之价值，而所谓儒学者，非徒诵习经训之谓焉。

第八章 李翱

小传 李翱，字习之，韩愈之弟子也。贞元十四年，登进士第，历官至山南节度使，会昌中，殁于其地。

学说之大要 翱尝作《复性书》三篇，其大旨谓性善情恶，而情者性之动也。故贤者当绝情而复性。

性 翱之言性也，曰："性者，所以使人为圣人者也。寂然不动，广大清明，照感天地，遂通天地之故。行止语默，无不处其极，其动也中节。"又曰："诚者，圣人性之。"又曰："清明之性，鉴于天地，非由外来也。"其义皆本于中庸，故欧阳修尝谓始读《复性书》，以为中庸之义疏而已。

性情之关系 虽然，翱更进而论吾人心意中性情二者之并存及冲突。曰："人之所以为圣人者，性也。人之所以惑其性者，情也。喜怒哀惧爱恶欲，七者，皆情之为也。情昏则性迁，非性之过也。水之浑也，其流不清。火之烟也，其光不明。然则性本无恶，因情而后有恶。情者，常蔽性而使之钝其作用者也。"与淮南子所谓久生而静天之性感而后动性之害相类。翱于是进而说复性之法曰："不虑不思，则情不生，情不生乃为正思。"又曰："圣人，人之先觉也。觉则明，不然则惑，惑则昏，故当觉。"则不特远取庄子外物而朝彻，实乃近袭佛教之去无明而归真如也。"

情之起原 性由天禀，而情何自起哉？翱以为情者性之附属物也。曰："无性则情不生，情者，由性而生者也。情不自情，因性而为情，性不自性，因情以明性。"

至静 翱之言曰："圣人岂无情哉？情有善有不善。"又曰："不虑不思，则情不生。虽然，不可失之于静，静则必有动，动则必有静，有动静而不息，乃为情。当静之时，知心之无所思者，是斋戒其心也，知本与无思，动静皆离，寂然不动，是至静也。"彼盖以本体为性，以性之发动一方面为情，故性者，超绝相对之动静，而为至静，亦即超绝相对之善恶，而为至善。及其发动而为情，则有相对之动静，而即有相对之善恶，故人当斋戒其心，以复归于至静至善之境，是谓复性。

结论 翱之说，取径于中庸，参考庄子，而归宿于佛教。既非创见，而持论亦稍近暧昧。然翱承韩愈后，扫门面之谈，从诸种教义中，细绎其根本思想，而著为一贯之论，不可谓非学说进步之一征也。

第二期**结论** 自汉至唐，于伦理学界，卓然成一家言者，寥寥可数。独尊儒术者，汉有董仲舒，唐有韩愈。吸收异说者，汉有淮南、扬雄，唐有李翱，其价值大略相等。大抵汉之学者，为先秦诸子之余波。唐之学者，为有宋理学之椎轮而已。魏晋之间，佛说输入，本有激冲思想界之势力，徒以其出世之见，与吾族之历史极不相容。而当时颖达之士，如清谈家，又徒取其消极之义，而不能为其积极一方面之助力。是以佛氏教义之入吾人也，于哲学界，增一种研究之材料；于社会间，增一穷而无告者之蘧庐；于平民心理，增一来世应报之观念；于审察仪式中，窜入礼谶布施之条目。其势力虽不可消灭，而要之吾人家族及各种社会之组织，初不因是而摇动也。

第三期 宋明理学时代

第一章 总说

有宋理学之起源 魏晋以降，苦于汉儒经学之拘腐，而遁为清谈。齐梁以降，歉于清谈之简单，而缛为诗文。唐中叶以后，又餍于体格靡丽内容浅薄之诗文，而趋于质实，则不得不反而求诸经训。虽然，其时学者，既已濡染于佛老二家闳大幽渺之教义，势不能复局于诂训章句之范围，而必于儒家言中，辟一闳大幽渺之境，始有以自展，而且可以与佛老相抗。此所以竞趋于心性之理论，而理学由是盛焉。

朱陆之异同 宋之理学，创始于邵、周、张诸子，而确立于二程。二程以后，学者又各以性之所近，递相传演，而至朱、陆二子，遂截然分派。朱子偏于道问学，尚墨守古义，近于荀子。陆子偏于尊德性，尚自由思想，近于孟子。朱学平实，能使社会中各种阶级修私德，安名分，故当其及身，虽尝受攻讦，而自明以后，顿为政治家所提倡，其势力或弥漫全国，然承学者之思想，卒不敢溢于其范围之外。陆学则至明之王阳明而益光大焉。

动机论之成立 朱陆两派，虽有尊德性、道问学之差别，而其所研究之对象，则皆为动机论。董仲舒之言曰："正其义不谋其利，明其道不计其功。"张南轩之言曰："学者潜心孔孟，必求其门而入，以为莫先于明义利之辨，盖圣贤，无所为而然也。有所为而然者，皆人欲之私，而非天理之所存，此义利之分也。自未知省察者言之，终日之间，鲜不为利矣，非特名位货殖而后为利也。意之所向，一涉于有所为，虽有浅深之不同，而其为徇己自私，则一而已矣。"此皆极端之动机论，而朱、陆两派所公认者也。

功利论之别出 孔孟之言，本折衷于动机、功利之间，而极端动机论之流弊，势不免于自杀其竞争生存之力。故儒者或激于时局之颠危，则亦恒溢出而为功利论。吕东莱、陈龙川、叶水心之属，愤宋之积弱，则叹理学之繁琐，而昌言经制。颜习斋痛明之俄亡，则并诋朱、陆两派之空疏。而与其徒李恕谷、王崐绳辈研究礼乐兵农，是皆儒家之功利论也。惟其人皆亟于应用，而略于学理，故是编未及详叙焉。

儒教之凝成 自汉武帝以后，儒家虽具有国教之仪式及性质，而与社会心理尚无致密之关系。（观晋以后，普通人佞佛求仙之风，如是其盛，苟其先已有普及之儒教，则其时人心之对于佛教，必将如今人之对于基督教矣。）其普通人之行习，所以能不大违于儒教者，历史之遗传，法令之约束为之耳，及宋而理学之儒辈出，讲学授徒，几遍中国。其人率本其所服膺之动机论，而演绎之于日用常行之私德，又卒能克苦躬行，以为规范，得社会之信用。其后，政府又专以经义贡士，而尤注重于朱注之《大学》《中庸》《论语》《孟子》四书。于是稍稍聪颖之士，皆自幼寝馈于是。达而在上，则益增其说于法令之中；穷而在下，则长书院，设私塾，掌学校教育之权。或为文士，编述小说剧本，行社会教育之事。遂使十室之邑，三家之村，其子弟苟有从师读书者，则无不以四书为读本。而其间一知半解互相传述之语，虽不识字者，亦皆耳熟而详之。虽间有苛细拘苦之事，非普通人所能耐，然清议既成，则非至顽悍者，不敢显与之悖，或阴违之而阳从之，或不能以之律己，而亦能以之绳人，盖自是始确立为普及之宗教焉。斯则宋明理学之功也。

思想之限制 宋儒理学，虽无不旁采佛老，而终能立凝成儒教之功者，以其真能以信从教主之仪式对于孔子也。彼等于孔门诸子，以至孟子，皆不能无微词，而于孔子之言，则不特不敢稍违，而亦不敢稍加以拟议，如有子所谓夫子有为而言之者。又其所是非，则一以孔子之言为准。故其互相排斥也，初未尝持名学之例以相绳，曰:“知是则不可通也，如是则自相矛盾也。惟以宗教之律相绳，曰：‘如是则与孔子之说相背也，如是则近禅也。其笃信也如此，故其思想皆有制限。其理论界，则至性善性恶之界而止。至于善恶之界说若标准，则皆若无庸置喙，故往往以无善无恶与善为同一，而初不自觉其牴牾。其于实践方面，则以为家族及各种社会之组织，自昔已然，惟其间互相交际之道，如何而能无背于孔子。是为研究之对象，初未尝有稍萌改革之思想者也。

第二章 王荆公

宋代学者，以邵康节为首，同时有司马温公，及王荆公，皆以政治家著。又以特别之学风，立于思想系统之外者也。温公仿扬雄之太玄作潜虚，以数理解释宇宙，无关于伦理学，故略之。荆公之性论，则持平之见，足为前代诸性论之结局。特叙于下。

小传 王荆公，名安石，字介甫，荆公者，其封号也。临川人，神宗时被擢为参知政事，厉行新法。当时正人多反对之者，遂起党狱，为世诟病。元丰元年，以左仆射观文殿大学士卒，年六十八。其所著有新经义学说及诗文集等。今节叙其性论及礼论之大要于下。

性情之均一 自来学者，多判性情为二事，而于情之所自出，恒苦无说以处之。荆公曰："性情一也。世之论者曰性善情恶，是徒识性情之名，而不知性情之实者也。喜怒哀乐好恶欲，未发于外而存于心者，性也。发于外而见于行者，情也。性者情之本，情者性之用，故吾曰性情一也。”彼盖以性情者。不过本体方面与动作方面之别称，而并非二事。性纯则情亦纯，情固未可灭也。何则？无情则直无动作，非吾人生存之状态也。故曰：“君子之所以为君子者，无非情也。小人之所以为小人者，无非情也。”

善恶 性情皆纯，则何以有君子小人及善恶之别乎？无他，善恶之名，非可以加之性情，待性情发动之效果，见于行为，评量其合理与否，而后得加以善恶之名焉。故曰：“喜怒哀乐爱恶欲，七者，人生而有之，接于物而后动，动而当理者，圣也，贤也。不当于理者，小人也。”彼徒见情发于外，为外物所累，而遂入于恶也。因曰：“情恶也，害性者情也。是曾不察情之发于外，为外物所感，而亦尝入于善乎？”如其说，则性情非可以善恶论，而善恶之标准，则在理。其所谓理，在应时处位之关系，而无不适当云尔。

情非恶之证明 彼又引圣人之事，以证情之非恶。曰：“舜之圣也，象喜亦喜，使可喜而不喜，岂足以为舜哉？文王之圣也，王赫斯怒，使可怒而不怒，岂足以为文王哉？举二者以明之，其余可知。使无情，虽曰性善，何以自明哉？诚如今论者之说，以无情为善，是木石也。性情者，犹弓矢之相待而为用，若夫善恶，则犹之中与不中也。”

礼论 荀子道性恶，故以礼为矫性之具。荆公言性情无善恶，而其发于行为也，可以善，可以恶，故以礼为导人于善之具。

其言曰："夫木斫之而为器，马服之而为驾，非生而能然也，劫之于外而服之以力者也。然圣人不舍木而为器，不舍马而为驾，固因其天资之材也。今人生而有严父爱母之心，圣人因人之欲而为之制；故其制，虽有以强人，而乃顺其性之所欲也。圣人苟不为之礼，则天下盖有慢父而疾母者，是亦可谓无失其性者也。夫狙猿之形，非不若人也，绳之以尊卑，而节之以揖让，彼将趋深山大麓而走耳。虽畏之以威而驯之以化，其可服也，乃以为天性无是而化于伪也。然则狙猿亦可为礼耶！"故曰："礼者，始于天而成于人，天无是而人欲为之，吾盖未之见也。"

结论 荆公以政治文章著，非纯粹之思想家，然其言性情非可以善恶名，而别求善恶之标准于外，实为汉唐诸儒所未见及，可为有卓识者矣。

第三章 邵康节

小传 邵康节，名雍，字尧夫，河南人。尝师北海李之才，受河图先天象数之学，妙契神悟，自得者多。屡被举，不之官。熙宁十年卒，年六十七。元祐中，赐谥康节。著有《观物篇》《渔樵问答》《伊川击壤集》《先天图》《皇极经世书》等。

宇宙论 康节之宇宙论，仿易及太玄，以数为基本，循世界时间之阅历，而论其循环之法则，以及于万物之化生。其有关于伦理学说者，论人类发生之原者是也。其略如下：

动静二力 动静二力者，发生宇宙现象，而且有以调摄之者也。动者为阴阳，静者为刚柔。阴阳为天，刚柔为地。天有暑寒昼夜，感于事物之性情状态。地有雨风露雪，应于事物之走飞草木。性情形体，与走飞草木相合，而为动植之感应，方物由是生焉。性情形态之走飞草木，应于声色气味。走飞草木之性情形态，应于耳目口鼻。物者有色声气味而已，人者有耳目口鼻，故人者，总摄万物而得其灵者也。

物人凡圣之别 康节言万物化成之理如是，于是进而论人、物之别，及凡人与圣人之别。曰："人所以为万物之灵者，耳目口鼻，能收万物之声色气味。声色气味，万物之体也。耳目鼻口，万人之用也。体无定用，惟变是用。用无定体，惟化是体，用之交也。人物之道，于是备矣。然人亦物也，圣亦人也。有一物之物，有十物之物，有百物之物，有千物、万物、亿物、兆物之物，生一物之物而当兆物之物者，非人耶？有一人之人，有十人之人，有百人之人，有千人、万人、亿人、兆人之人，生一人之人，而当兆人之人者，非圣耶？是以知人者物之至，圣人者，人之至也。人之至者，谓其能以一心观万心，以一身观万身，以一世观万世，能以心代天意，口代天言，手代天工，身代天事。是以能上识天时，下尽地理，中尽物情而通照人事，能弥纶天地，出入造化，进退古今，表里人物者也。"如其说，则圣人者，包含万有，无物我之别，解脱差别界之观念，而入于万物一体之平等界者也。

学 然则人何由而能为圣人乎？曰：学。康节之言学也，曰：“学不际天人，不可以谓之学。”又曰：“学不至于乐，不可以谓之学。”彼以学之极致，在四经，《易》《书》《诗》《春秋》是也。曰：“昊天之尽物，圣人之尽民，皆有四府。昊天之四府，春、夏、秋、冬之谓也，升降于阴阳之间。圣人之四府，《易》《书》《诗》《春秋》之谓也，升降于礼乐之间。意言象数者，易之理。仁义礼智者，书之言。性情形体者，《诗》之根。圣贤才术者，《春秋》之事。谓之心，谓之用。《易》由皇帝王伯，《书》应虞夏殷周，《诗》关文武周公，《春秋》系秦晋齐楚。谓之体，谓之迹。心迹体用四者相合，而得为圣人。其中同中有异，异中有同，异同相乘，而得万世之法则。”

慎独 康节之意，非徒以讲习为学也。故曰：“君子之学，以润身为本，其治人应物，皆余事也。”又曰：“凡人之善恶，形于言，发于行，人始得而知之。但萌诸心，发诸虑，鬼神得而知之。是君子所以慎独也。”又曰：“人之神，即天地之神，人之自欺，即所以欺天地，可不慎与？”又言慎独之效曰：“能从天理而动者，造化在我，其对于他物也，我不被物而能物物。”又曰：“任我者情，情则蔽，蔽则昏。因物者性，性则神，神则明。潜天潜地，行而无不至，而不为阴阳所摄者，神也。”

神 彼所谓神者何耶？即复归于性之状态也。故曰：“神无方而性则质也。”又曰：“神无所不在，至人与他心通者，其本一也。道与一，神之强名也。”以神为神者，至言也。然则彼所谓神，即老子之所谓道也。

性情 康节以复性为主义，故以情为性之反动者。曰："月者日之影，情者性之影也。心为性而胆为情，性为神而情为鬼也。"

结论 康节之宇宙论，以一人为一小宇宙，本于汉儒。一切以象数说之，虽不免有拘墟之失，而其言由物而人，由人而圣人，颇合于进化之理。其以神为无差别界之代表，而以慎独而复性，为由差别界而达无差别之作用。则其语虽一本于儒家，而其意旨则皆庄佛之心传也。

第四章 周濂溪

小传 周濂溪，名敦颐，字茂叔，道州营道人。景祐三年，始官洪州分宁县主簿，历官至知南康郡，因家于庐山莲花峰下，以营道故居濂溪名之。熙宁六年卒，年五十七。黄庭坚评其人品，如光风霁月。晚年，闲居乐道，不除窗前之草，曰：与自家生意一般。二程师事之，濂溪常使寻孔颜之乐何在。所著有《太极图》《太被图说》《通书》等。

太极论 濂溪之言伦理也，本于性论，而实与其宇宙论合，故述濂溪之学，自太极论始。其言曰："无极而太极，太极动而生阳，动极而静，静而生阴，静极复动，一动一静，互为其根，分阴分阳，两仪立焉。五行一阴阳也，阴阳一太极也，太极本无极也。五行之生也，各一其性。无极之真，二五之精，妙合而凝，乾道成男，坤道成女。二气交感，化合万物，万物生之而变化无穷，人得其秀而最灵，生而发神知，五性感动，而善恶分。‘圣人定之以中正仁义，主静而立其极。圣人与天地合其德，与日月合其明，与四时合其序，与鬼神合其吉凶。’君子修之吉，小人悖之凶。故曰:立天之道，曰阴与阳，立地之道，曰柔与刚，立人之道，曰仁与义。”又曰:“原始要终，故知死生之说，大哉，易其至矣乎。”其大旨以人类之起原，不外乎太极，而圣人则以人而合德于太极者也。

性与诚 濂溪以性为诚，本于中庸。惟其所谓诚，专自静止一方面考察之。故曰:“诚者，圣人之本，‘大哉乾元，万物资始，’诚之原也。‘乾道变化，各正性命，’诚既立矣，纯粹至善。故曰:一阴一阳之谓道，继之者善也，成之者性也。元亨者诚之通，利贞者诚之复，大哉易！其性命之源乎？”又曰：诚者，五常之本，百行之原也，静无而动有，至正而明达者也。五常百行，非诚则为邪暗塞。故诚则无事，至易而行难。”由是观之，性之本质为诚，超越善恶，与太极同体者也。

善恶 然则善恶何由起耶？曰：起于几。故曰：“诚无为，几善恶，爱曰仁，宜曰义，理曰礼，通曰智，守曰信。性而安之之谓圣，执之之谓贤，发微而不可见，充周而不可穷之谓神。”

几与神 濂溪以行为最初极微之动机为几，而以诚、几之间自然中节之作用为神。故曰:“寂然不动者诚也，感而遂通者神也，动而未形于有无之间者几也。诚精故明，神应故妙，几微故幽，诚神几谓之圣人。”

仁义中正 惟圣故神，苟非圣人，则不可不注意于动机，而一以圣人之道为准。故曰："动而正曰道，用而和曰德，匪仁、匪义、匪礼、匪智、匪信，悉邪也。邪者动之辱也，故君子慎动。"又曰："圣人之道，仁义中正而已。守之则贵，行之则利。廓之而配乎天地，岂不易简哉？岂为难知哉？不守不行不廓而已。"

修为之法 吾人所以慎动而循仁义中正之道者，当如何耶？濂溪立积极之法，曰思，曰洪范。曰："思曰睿，睿作圣，几动于此，而诚动于彼，思而无不通者，圣人也。非思不能通微，非睿不能无不通。故思者，圣功之本，吉凶之几也。"又立消极之法，曰无欲。曰："无欲则静虚而动直，静灵则明，明则通。动直则公，公则溥。明通公溥，庶矣哉！"

结论 濂溪由宇宙论而演绎以为伦理说，与康节同。惟康节说之以数，而濂溪则说之以理。说以数者，非动其基础，不能加以补正。说以理者，得截其一、二部分而更变之。是以康节之学，后人以象数派外视之；而濂溪之学，遂孳生思想界种种问题也。濂溪之伦理说，大端本诸中庸，以几为善恶所由分，是其创见。而以人物之别，为在得气之精粗，则后儒所祖述者也。

第五章 张横渠

小传 张横渠名载，字子厚。世居大梁，父卒于官，因家于凤翔郡县之横渠镇。少喜谈兵，范仲淹授以《中庸》，乃翻然志道，求诸释老，无所得，乃反求诸六经。及见二程，语道学之要，乃悉弃异学。嘉祐中，举进士，官至知太常礼院。熙宁十年卒，年五十八。所著有《正蒙》《经学理窟》《易说》《语录》《西铭》《东铭》等。

太虚 横渠尝求道于佛老，而于老子由无生有之说，佛氏以山河大地为见病之说，俱不之信。以为宇宙之本体，为太虚，无始无终者也。其所含有凝散之二动力，是为阴阳，由阴阳而发生种种现象。现象虽无一雷同，而其发生之源则一。故曰："两不立则一不可见，一不可见，则两之，虚实也，动静也，聚散也，清浊也，其容一也。"又曰："造化之所成，无一物相肖者。"横渠由是而立理一分殊之观念。

理一分殊 横渠既于宇宙论立理一分殊之观念，则应用之于伦理学。其《西铭》之言曰："乾称父，坤称母，予兹藐焉；乃浑然中处，天地之塞吾其体，天地之帅吾其性，民吾同胞，物吾与也。大君者，我之宗子，大臣者，宗子之家相。尊高年，所以长其长。慈孤弱，所以幼其幼。圣其合德，贤其秀也。凡天下之病癃残疾茕独鳏寡，皆吾兄弟之颠连而无告者也。”

天地之性与气质之性 天地之塞吾其体，亦即万人之体也。天地之帅吾其性，亦即万人之性也。然而人类有贤愚善恶之别，何故？横渠于是分性为二，谓为天地之性与气质之性。曰："形而后有性质之性，能反之，则天地之性存，故气质之性，君子不性焉。”其意谓天地之性，万人所同，如太虚然，理一也。气质之性，则起于成形以后，如太虚之有气，气有阴阳，有清浊。故气质之性，有贤愚善恶之不同，所谓分殊也。虽然，阴阳者，虽若相反而实相成，故太虚演为阴阳，而阴阳得复归于太虚。至于气之清浊，人之贤愚善恶，则相反矣。比而论之，颇不合于论理。

心性之别 从前学者，多并心性为一谈，横渠则别而言之。曰："物与知觉合，有心之名。”又曰："心者统性情者也。”盖以心为吾人精神界全体之统名，而性则自心之本体言之也。”

虚心 横渠以心为统性与知，而以知附属于气质之性，故其修为之的，不在屑屑求知，而在反于天地之性，是为合心于太虚。故曰："太虚者，心之实也。”又曰："不可以闻见为心，若以闻见为心，天下之物，不可一一闻见，是小其心也，但当合心于太虚而已。心虚则公平，公平则是非较然可见，当为不当为之事，自可知也。”

变化气质 横渠既以合心于太虚为修为之极功，而又以人心不能合于太虚之故，实为气质之性所累，故立变化气质之说。曰："气质恶者，学即能移，今之人多使气。”又曰："学至成性，则气无由胜。”又曰：“为学之大益，在自能变化气质。不尔，则卒无所发明，不得见圣人之奥，故学者先当变化气质。”变化气质，与虚心相表里。

礼 横渠持理一分殊之理论，故重秩序。又于天地之性以外，别揭气质之性，已兼取荀子之性恶论，故重礼。其言曰：“生有先后，所以为天序。小大高下相形，是为天秩。天之生物也有序，物之成形也有秩，知序然故经正，知秩然故礼行。”彼既持此理论，而又能行以提倡之，治家接物，大要正己以感人。其教门下，先就其易，主日常动作，必合于礼。程明道尝评之曰：“横渠教人以礼，固激于时势，虽然，只管正容谨节，宛然如吃木札，使人久而生嫌厌之情。”此足以观其守礼之笃矣。

结论 横渠之宇宙论，可谓持之有理。而其由阴阳而演为清浊，又由清浊而演为贤愚善恶，遂不免违于论理。其言理一分殊，言天地之性与气质之性，皆为创见。然其致力之处，偏重分殊，遂不免横据阶级之见。至谓学者舍礼义而无所猷为，与下民一致，又偏重气质之性。至谓天质善者，不足为功，勤于矫恶矫情，方为功，皆与其民吾同胞及人皆有天地之性之说不能无矛盾也。

第六章 程明道

小传 程明道名颢，字伯淳，河南人。十五岁，偕其弟伊川就学于周濂溪，由是慨然弃科举之业，有求道之志。逾冠，被调为鄠县主簿。晚年，监汝州酒税。以元丰八年卒，年五十四。其为人克实有道，和粹之气，盎于面背，门人交友，从之数十年，未尝见其忿厉之容。方王荆公执政时，明道方官监察御史里行，与议事，荆公厉色待之，明道徐曰："天下事非一家之私议，愿平气以听。"荆公亦为之愧屈。于其卒也，文彦博采众议表其墓曰：明道先生。其学说见于门弟子所辑之语录。

性善论之原理 邵、周、张诸子，皆致力于宇宙论与伦理说之关系，至程子而始专致力于伦理学说。某言性也，本孟子之性善说，而引易象之文以为原理。曰："生生之谓易，是天之所以为道也。"天只是以生为道，继此生理者只是善，便有一元的意思。元者善之长，万物皆有春意，便是。继之者善也，成之者性也，成却待万物自成其性须得。又曰："一阴一阳之谓道。"自然之道也，有道则有用。元者善之长也，成之者，却只是性，各正性命也。故曰："仁者见之谓之仁，智者见之谓之智。"又曰："生之谓性。"人生而静以上，不能说示，说之谓性时，便已不是性。凡说人性，只是说继之者善也。孟子云，人之性善是也。

夫所谓继之者善，犹水之流而就下也。又曰："生之谓性，性即气，气即性，生之谓也。"其措语虽多不甚明瞭，然推其大意，则谓性之本体，殆本无善恶之可言。至即其动作之方面而言之，则不外乎生生，即人无不欲自生，而亦未尝有必不欲他人之生者，本无所谓不善，而与天地生之道相合，故谓继之者善也。

善恶 生之谓性，本无所谓不善，而世固有所谓恶者何故。明道曰，天下之善恶，皆天理，谓之恶者，本非恶，但或过或不及，便如此，如杨墨之类。其意谓善恶之所由名，仅指行为时之或过或不及而言，与王荆公之说相同。又曰："人生气禀以上，于理不能无善恶，虽然，性中元非两物相对而生。"又以水之清浊喻之曰："皆水也，有流至海而不浊者，有流未远而浊多者、或少者。清浊虽不同，而不能以浊者为非水。如此，则人不可不加以澄治之功。故用力敏勇者疾清，用力缓怠者迟清。及其清，则只是原初之水也，非将清者来换却浊者，亦非将浊者取出，置之一隅。水之清如性之善。是故善恶者，非在性中两物相对而各自出来也。"此其措语，虽亦不甚明瞭，其所谓气禀，几与横渠所谓气质之性相类，然推其本意，则仍以善恶为发而中节与不中节之形容词。盖人类虽同禀生生之气，而既具各别之形体，又处于各别之时地，则自爱其生之心，不免太过，而爱人之生之心，恒不免不及，如水流因所经之地而不免渐浊，是不能不谓之恶，而要不得谓人性中具有实体之恶也。故曰："性中元非有善恶两物相对而出也。"

仁 生生为善，即我之生与人之生无所歧视也。是即《论语》

之所谓仁，所谓忠恕。故明道曰："学者先须识仁。仁者，浑然与物同体，义礼智信，皆仁也。"又曰："医家以手足之痿痹为不仁，此言最善名状。仁者，以天地万物为一体，无非己也。手足不仁时，身体之气不贯，故博施济众，为圣人之功用，仁至难言。"又曰："若夫至仁，天地为一身，而天地之间，品物万形，为四肢百体，夫人岂有视四肢百体而不爱者哉？圣人仁之至也，独能体斯心而已。"

敬 然则体仁之道，将如何？曰敬。明道之所谓敬，非检束其身之谓，而涵养其心之谓也。故曰："只闻人说善言者，为敬其心也。故视而不见，听而不闻，主于一也。主于内，则外不失敬，便心虚故也。必有事焉不忘，不要施之重，便不好，敬其心，乃至不接视听，此学者之事也。始学岂可不自此去，至圣人则自从心所欲，不逾矩。"又曰:"敬即便是礼，无己可克。"又曰："主一无适，敬以直内，便有浩然之气。"

忘内外 明道循当时学者措语之习惯，虽欲常言人欲，言私心私意，而其本意则不过以恶为发而不中节之形容词，故其所注意者皆积极而非消极。尝曰："所谓定者，动亦定，静亦定，无将迎，无内外。苟以外物为外，牵己而从之，是以己之性为有内外也。且以己之性为随物于外，则当其在外时，何者为在中耶？有意于绝外诱者，不知性无内外也。"又曰："夫天地之常，以其心普万物而无心，圣人之常，以其情顺万事而无情。故君子之学，莫若廓然而大公，物来而顺应，苟规规于外诱之除，将见灭于东而生于西，非惟日之不足，顾其端无穷，不可得而除也。”又曰：“与其非外而是内，不若内外之两忘，两忘则澄然无事矣。无事则定，定则明，明则尚何应物之为累哉？圣人之喜，以物之当喜，圣人之怒，以物之当怒。是圣人之喜怒，不系于心而系于物也，是则圣人岂不应于物哉？乌得以从外者为非，而更求在内者为是也。”

诚 明道既不以力除外诱为然，而所以涵养其心者，亦不以防检为事。尝述孟子勿助长之义，而以反身而诚互证之。曰：“学者须先识仁。仁者，浑然与物同体，识得此理，以诚敬存之而已，不须防检，不须穷索。若心懈则有防，心苟不懈，何防之有？理有未得，故须穷索，存久自明，安待穷索？此道与物无对，大不足以明之。天地之用皆我之用。孟子言万物皆备于我，须反身而诚，乃为大乐。若反身未诚，则犹是二物有对，以己合彼，终未有之，又安得乐？必有事焉而勿正，心勿忘，勿助长，未尝致纤毫之力，此其存之之道。若存得便含有得，盖良知良能元不丧失，以昔日习心未除，故须存习此心，久则可夺旧习。”又曰：“性与天道，非自得者不知，有安排布置者，皆非自得。”

结论 明道学说，其精义，始终一贯，自成系统，其大端本于孟子，而以其所心得者补正而发挥之。其言善恶也，取中节不中节之义，与王荆公同。其言仁也，谓合于自然生生之理，而融自爱他爱为一义。其言修为也，惟主涵养心性，而不取防检穷索之法。可谓有乐道之趣，而无拘墟之见者矣。

第七章 程伊川

小传 程伊川，名颐，字正叔，明道之弟也。少明道一岁。年十七，尝伏阙上书，其后屡被举，不就。哲宗时，擢为崇正殿说书，以严正见惮，见劾而罢。徽宗时，被邪说诐行惑乱众听之谤，下河南府推究。逐学徒，隶党籍。大观元年卒，年七十五。其学说见于《易传》及语录。

伊川与明道之异同 伊川与明道，虽为兄弟，而明道温厚，伊川严正，其性质皎然不同。故其所持之主义，遂不能一致。虽其间互通之学说甚多，而揭其特具之见较之，则显为二派。如明道以性即气，而伊川则以性即理，又特严理气之辨。明道主忘内外，而伊川特重寡欲。明道重自得，而伊川尚穷理。盖明道者，粹然孟子学派；伊川者，虽亦依违孟学，而实荀子之学派也。其后由明道而递演之，则为象山、阳明；由伊川而递演之，则为晦庵。所谓学焉而各得其性之所近者也。

理气与性才之关系 伊川亦主孟子性中有善之说，而归其恶之源于才。故曰："性出于天，才出于气，气清则才清，气浊则才浊。才则有不善，性则无不善。"又曰："性无不善，而有不善者，才也。性即是理，理则自尧舜至于途人，一也。才禀于气，气有清浊，禀其清者为贤，禀其浊者为愚。"其大意与横渠言天地之性、气质之性相类，惟名号不同耳。

心　伊川以心与性为一致。故曰："在天为命，在义为理，在人为性，主于身为心。"其言性也，曰："性即理，所谓理性是也。天下之理，原无不善，喜怒哀乐之未发，何尝不善，发而中节，往往无不善，发而不中节，然后为不善。"是以性为在喜怒哀乐未发之境也。其言心也，曰："冲漠无朕，万象森然已具，未应不是先，已应不是后，如百尺之木，自根本至枝叶，无一不贯。"或问以赤子之心为已发，是否？曰："已发而去道未远。"曰："大人不失赤子之心若何？"曰："取其纯一而近道。"曰："赤子之心，与圣人之心若何？"曰："圣人之心，如明镜止水。"是亦以喜怒哀乐未发之境为心之本体也。

养气寡欲　伊川以心性本无所谓不善，及喜怒哀乐之发而不中节，始有不善。其所以发而不中节之故，则由其气禀之浊而多欲。故曰："孟子所以养气者，养之至则清明纯全，昏塞之患去。"或曰养心，或曰养气，何耶？曰："养心者无害而已，养气者在有帅。"又言养气之道在寡欲，曰："致知在所养，养知莫过于寡欲二字。"其所言养气，已与《孟子》同名而异实，及依违《大学》，则又易之以养知，是皆迁就古书文词之故。至其本意，则不过谓寡欲则可以易气之浊者而为清，而渐达于明镜止水之境也。

敬与义　明道以敬为修为之法，伊川同之，而又本《易传》敬以直内、义以方外之语，于敬之外，尤注重集义。曰："敬只是持己之道，义便知有是有非。从理而行，是义也。若只守一个之敬，而不知集义，却是都无事。且如欲为孝，不成只守一个孝字而已，须是知所以为孝之道，当如何奉侍，当如何温凊，然后能尽孝道。”

穷理 伊川所言集义，即谓实践伦理之经验，而假孟子之言以名之。其自为说者，名之曰穷理。而又条举三法：一曰读书，讲明义理；二曰论古今之物，分其是非；三曰应事物而处其当。又分智为二种，而排斥闻见之智，曰："闻见之智，非德性之智，物交物而知之，非内也，今之所谓博物多能者是也。德性之智，不借闻见。”其意盖以读书论古应事而资以清明德性者，为德性之智。其专门之考古学历史经济家，则斥为闻见之智也。

知与行 伊川又言须是识在行之先。譬如行路，须得先照。又谓勉强合道而行动者，决不能永续。人性本善，循理而行，顺也。是故烛理明则自然乐于循理而行动，是为知行合一说之权舆。

结论 伊川学说，盖注重于实践一方面。故于命理心性之属，仅以异名同实之义应付之。而于恶之所由来，曰才，曰气，曰欲，亦不复详为之分析。至于修为之法，则较前人为详，而为朱学所自出也。

第八章 程门大弟子

程门弟子 历事二程者为多，而各得其性之所近。其间特性最著，而特有影响于后学者，为谢上蔡、杨龟山二人。上蔡毗于尊德性，绍明道而启象山。龟山毗于道问学，述伊川而递传以至考亭者也。

上蔡小传 谢上蔡，名良佐，字显道，寿州上蔡人。初务记问，夸该博。及事明道，明道曰："贤所记何多，抑可谓玩物丧志耶？"上蔡赧然。明道曰："是即恻隐之心也。"因劝以无徒学言语，而静坐修练。上蔡以元丰元年登进士第，其后历官州郡。徽宗时，坐口语，废为庶民。著《论语说》，其语录三篇，则朱晦庵所辑也。

其学说 上蔡以仁为心之本体，曰："心者何，仁而已。"又曰："人心著，与天地一般，只为私意自小，任理因物而已无与焉者，天而已。"于是言致力之德，曰穷理，曰持敬。其言穷理也，曰："物物皆有理，穷理则知天之所为，知天之所为，则与天为一，穷理之至，自然不勉而中，不思而得，从容中道。"词理必物物而穷之与？曰："必穷其大者，理一而已，一处理穷，则触处皆是。恕其穷理之本与？"其言致敬也，曰："近道莫若静，斋戒以神明其德，天下之至静也。"又曰："敬者是常惺惺而法心斋。"

龟山小传 杨龟山，名时，字中立，南剑将乐人。熙宁元年，举进士，后历官州郡，及侍讲。绍兴五年卒，年八十三。龟山初事明道，明道殁，事伊川，二程皆甚重之。尝读横渠《西铭》，而疑其近于兼爱，及闻伊川理一分殊之辨而豁然。其学说见于《龟山集》及其语录。

其学说 龟山言人生之准的在圣人，而其致力也，在致知格物。曰："学者以致知格物为先，知未至，虽欲择善而固执之，未必当于道也。鼎镬陷阱之不可蹈，人皆知之，而世人亦无敢蹈之者，知之审也。致身下流，天下之恶皆归之，与鼎镬陷阱何异？而或蹈之而不避者，未真知之也。若真知为不善，如蹈鼎镬陷阱，则谁为不善耶？"是其说近于经验论。然彼所谓经验者，乃在研求六经。故曰：六经者，圣人之微言，道之所存也。道之深奥，虽不可以言传，而欲求圣贤之所以为圣贤者，舍六经于何求之？学者当精思之，力行之，默会于意言之表，则庶几矣。"

结论 上蔡之言穷理，龟山之言格致，其意略同。而上蔡以恕为穷理之本，龟山以研究六经为格致之主，是显有主观、客观之别，是即二程之异点，而亦朱、陆学派之所由差别也。

第九章 朱晦庵

小传 龟山一传而为罗豫章，再传而为李延平，三传而为朱晦庵。伊川之学派，于时大成焉。晦庵名熹，字元晦，一字仲晦，晦庵其目号也。其先徽州婺源人，父松，为尤溪尉，寓溪南生熹。晚迁建阳之考亭。年十八，登进士，其后历主簿提举及提点刑狱等官，及历奉外祠。虽屡以伪学被劾，而讲习不辍。庆元六年卒，年七十一。高宗谥之曰文。理宗之世，追封信国公。门人黄干状其行曰："其色庄，其言厉，其行舒而恭，其坐端而直。其闲居也，未明而起，深衣幅巾方履，拜家庙以及先圣。退而坐书室，案必正，书籍器用必整。其饮食也，羹食行列有定位，匙箸举措有定所。倦而休也，瞑目端坐。休而起也，整步徐行。中夜而寝，寤则拥衾而坐，或至达旦。威仪容止之则，自少至老，祁寒盛暑，造次颠沛，未尝须臾离也。"著书甚多，如大学、中庸章句或问，《论语集注》，《孟子集注》，《易本义》，《诗集传》，《太极图解》，《通书解》，《正蒙解》，《近思录》，及其文集、语录，皆有关于伦理学说者也。

理气 晦庵本伊川理气之辨，而以理当濂溪之太极，故曰：由其横于万物之深底而见时，曰太极。由其与气相对而见时，曰理。又以形上、形下为理气之别，而谓其不可以时之前后论。曰：

“理者，形而上之道，所以生万物之原理也。气者，形而下之器，率理而铸型之质料也。”又曰：“理非别为一物而存，存于气之中而已。”又曰：“有此理便有此气。”但理是本，于是又取横渠理一分殊之义，以为理一而气殊。曰万物统于一太板，而物物各具一太极。曰：“物物虽各有理，而总只是一理。”曰：理虽无差别，而气有种种之别，有清爽者，有昏浊者，难以一一枚举。曰：此即万物之所以差别，然一一无不有太极，其状却如宝珠之在水中。在圣贤之中，如在清水中，其精光自然发现。其在至愚不肖之中，如在浊水中，非澄去泥沙，其光不可见也。

性 由理气之辨，而演绎之以言性，于是取横渠之说，而立本然之性与气质之性之别。本然之性，纯理也，无差别者也。气质之性，则因所禀之气之清浊，而不能无偏。乃又本汉儒五行五德相配之说，以证明之。曰:“得木气重者，恻隐之心常多，而羞恶辞让是非之心，为之塞而不得发。得金气重者，羞恶之心常多，而恻隐辞让是非之心，为之塞而不得发。火、水亦然。故气质之性完全者，与阴阳合德，五性全备而中正，圣人是也。”然彼又以本然之性与气质之性密接，故曰：“气质之心，虽是形体，然无形质，则本然之性无所以安置自己之地位，如一勺之水，非有物盛之，则水无所归著。”是以论气质之性，势不得不杂理与气言之。

心情欲 伊川曰:“在人为性，主于身为心。”晦庵亦取其义，而又取横渠之义以心为性情之统名，故曰：“心，统性情者也。由性之方面见之，心者，寂然不动。由情之方面见之，感而遂通。”

又曰 :“心之未动时，性也。心之已动时，情也。欲是由情发来者，而欲有善恶。”又曰 :“心如水，性犹水之静，情则水之流，欲则水之波澜，但波澜有好底，有不好底。如我欲仁，是欲之好底。欲之不好底，则一向奔驰出去，若波涛翻浪。如是，则情为性之附属物，而欲则又为情之附属物。”故彼以恻隐等四端为性，以喜怒等七者为情，而谓七情由四端发，如哀惧发自恻隐，怒恶发自羞恶之类。然又谓不可分七情以配四端，七情自贯通四端云。

人心道心 既以心为性情之统名，则心之有理气两方面，与性同。于是引以说古书之道心人心，以发于理者为道心，而发于气者为人心。故曰 :“道心是义理上发出来底，人心是人身上发出来底。虽圣人不能无人心，如讥食渴饮之类。虽小人不能无道心，如恻隐之心是。”又谓圣人之教，在以道心为一身之主宰，使人心屈从其命令。如人心者，决不得灭却，亦不可灭却者也。

穷理 晦庵言修为之法，第一在穷理，穷理即大学所谓格物致知也。故曰 :“格物十事，格得其九通透，即一事未通透，不妨。一事只格得九分，一分不通透，最不可。须穷到十分处。”至其言穷理之法，则全在读书。于是言读书之法曰:“读书之法，在循序而渐进，熟读而精思。字求其训，句索其旨。未得于前，则不敢求其后，未通乎此，则不敢志乎彼。先须熟读，使其言皆若出于吾之口，继以精思，使其意皆若出于吾心。”

养心 至其言养心之法，曰，存夜气。本于孟子，谓夜气静时，即良心有光明之时。若当吾思念义理观察人伦之时，则夜气自然增长，良心愈放其光明来，于是辅之以静坐。静坐之说，本于李延平，延平言道理须是日中理会，夜里却去静坐思量，方始有得。其说本与存夜气相表里，故晦庵取之，而又为之界说曰："静坐非如坐禅入定，断绝思虑，只收敛此心，使毋走于烦思虑而已。此心湛然无事，自然专心，及其有事，随事应事，事已时复湛然。"由是又本程氏主一为敬之义而言专心，曰："心有所用，则心有所主，只看如今。才读书，则心便主于读书，才写字，则心便主于写字。若是悠悠荡荡，未有不入于邪僻者。"

结论 宋之有晦庵，犹周之有孔子。皆吾族道德之集成者也。孔子以前，道德之理想，表著于言行而已。至孔子而始演述为学说。孔子以后，道德之学说，虽亦号折衷孔子，而尚在乍离乍合之间。至晦庵而始以其所见之孔教，整齐而厘订之，使有一定之范围。盖孔子之道，在董仲舒时代，不过具有宗教之形式。而至朱晦庵时代，始确立宗教之威权也。晦庵学术，近以横渠、伊川为本，而附益之以濂溪、明道。远以荀卿为本，而用语则多取孟子。于是用以训释孔子之言，而成立有宋以后之孔教。彼于孔子以前之说，务以诂训沟通之，使毋与孔教有所龃龉；于孔子以后之学说若人物，则一以孔教进退之。彼其研究之勤，著述之富，徒党之众，既为自昔儒者所不及。而其为说也，矫恶过于乐善，方外过于直内，独断过于怀疑，拘名义过于得实理，尊秩序过于求均衡，尚保守过于求革新，现在之和平，过于未来之希望。此为古昔北方思想之嫡嗣，与吾族大多数之习惯性相投合，而尤便于有权势者之所利用，此其所以得凭藉科举之势力而盛行于明以后也。

第十章 陆象山

儒家之言，至朱晦庵而凝成为宗教，既具论于前章矣。顾世界之事，常不能有独而无对。故当朱学成立之始，而有陆象山。当朱学盛行之后，而有王阳明。虽其得社会信用，不及朱学之悠久，而当其发展之时，其势几足以倾朱学而有余焉。大抵朱学毗于横渠、伊川，而陆、王毗于濂溪、明道；朱学毗于荀，陆王毗于孟。以周季之思潮比例之，朱学纯然为北方思想，而陆王则毗于南方思想者也。

小传 陆象山，名九渊，字子静，自号存斋，金溪人。父名贺，象山其季子也。乾道八年，登进士第，历官至知荆门军。以绍熙三年卒，年五十四。嘉定十年，赐谥文安。象山三、四岁时，尝问其父，天地何所穷际。及总角，闻人诵伊川之语，若被伤者，曰："伊川之言，何其不类孔子、孟子耶？"读古书至宇宙二字，解曰："四方上下为宇，往古来今曰宙。"忽大省，曰："欲宇宙内之事，乃己分内事，己分内之事，乃宇宙内事。"又曰："宇宙便是吾心，吾心即是宇宙。东海有圣人出，此心同，此理同焉。西海有圣人出，此心同，此理同焉。南海、北海有圣人出，此心同，此理同焉。千百世之上，有圣人出，此心同，此理同焉。

千百世之下，有圣人出，此心同，此理同焉。”淳熙间，自京师归，学者甚盛，每诣城邑，环坐二、三百人，至不能容。寻结茅象山，学徒大集，案籍逾数千人。或劝著书，象山曰：“六经注我，我注六经。”又曰：“学苟知道，则六经皆我注脚也。”所著有《象山集》。

朱陆之论争 自朱、陆异派，及门互相诋谌。淳熙二年，东莱集江浙诸友于信州鹅湖寺以决之，既莅会，象山、晦庵互相辨难，连日不能决。晦庵曰：“人各有所见，不如取决于后世。”其后彼此通书，又互有冲突。其间关于太极图说者，大抵名义之异同，无关宏旨。至于伦理学说之异同，则晦庵之见，以为象山尊心，乃禅家余派，学者当先求圣贤之遗言于书中。而修身之法，自洒扫应对始。象山则以晦庵之学为逐末，以为学问之道，不在外而在内，不在古人之文字而在其精神，故尝诘晦庵以尧舜曾读何书焉。

心即理 象山不认有天理人欲与道心人心之别，故曰：“心即理。”又曰：“心一也，人安有二心。”又曰：“天理人欲之分，论极有病，自《礼记》有此言，而后人袭之。记曰，人生而静，天之性也，感于物而动，性之欲也。若是，则动亦是，静亦是，岂有天理人欲之分？动若不是，则静亦不是，岂有动静之间哉？”彼又以古书有人心惟危道心惟微之语，则为之说曰：“自人而言则曰惟危，自道而言则曰惟微。如其说，则古书之言，亦不过由两旁面而观察之，非真有二心也。”又曰：“心一理也，理亦一理也，至当归一，精义无二，此心此理，不容有二。”又曰:“孟子所谓不虑而知者，其良知也，不学而能者，其良能也，我固有之，非由外铄我也。”

纯粹之惟心论 象山以心即理，而其言宇宙也，则曰：“塞宇宙一理耳。”又曰：“万物皆备于我，只要明理而已。”然则宇宙即理，理即心，皆一而非二也。

气质与私欲 象山既不认有理欲之别，而其说时亦有蹈袭前儒者。曰：“气质偏弱，则耳目之官，不思而蔽于物，物交物则引之而已矣。由是向之所谓忠信者，流而放辟邪侈，而不能以自反矣。当是时，其心之所主，无非物欲而已矣。”又曰：“气有所蒙，物有所蔽，势有所迁，习有所移，往而不返，迷而不解，于是为愚为不肖，于彝伦则斁，于天命则悖。”又曰：“人之病道者二，一资，二渐习。”然宇宙一理，则必无不善，而何以有此不善之资及渐习，象山固未暇研究也。

思 象山进而论修为之方，则尊思。曰：“义理之在人心，实天之所与而不可泯灭者也。彼其受蔽于物，而至于悖理违义，盖亦弗思焉耳。诚能反而思之，则是非取舍，盖有隐然而动，判然而明，决然而无疑者矣。”又曰：“学问之功，切磋之始，必有自疑之兆，及其至也，必有自克之实。”

先立其大 然则所思者何在？曰：人当先理会所以为人，深思痛省，枉自汩没，虚过日月，朋友讲学，未说到这里，若不知人之所以为人，而与之讲学，遗其大而言其细，便是放饭流歠而问无齿决。若能知其大，虽轻，自然反轻归厚，因举一人恣情纵欲，一旦知尊德乐道，便明白洁直。”又曰:“近有议吾者，曰：‘除了先立乎其大者一句，无伎俩。’吾闻之，曰：‘诚然。’又曰：凡物必有本末，吾之教人，大概使其本常重，不为末所累。”

诚 象山于实践方面，则揭一诚字。尝曰：“古人皆明实理做实事。”又曰：“呜呼！循顶至踵，皆父母之遗骸，俯仰天地之间，惧不能朝夕求寡愧怍，亦得与闻于孟子所谓塞天地吾夫子人为贵之说与？”又引《中庸》之言以证明之曰：“诚者非自成己而已也，所以成物也，成己仁也，成物知也，性之德也，合外内之道也。”

结论 象山理论既以心理与宇宙为一，而又言气质，言物欲，又不研究其所由来，于不知不觉之间，由一元论而蜕为二元论，与孟子同病，亦由其所注意者，全在积极一方面故也。其思想之自由，工夫之简易，人生观之平等，使学者无墨守古书拘牵末节之失，而自求进步，诚有足多者焉。

第十一章 杨慈湖

象山谓塞宇宙一理耳，然宇宙之现象，不赘一词。得慈湖之说，而宇宙即理之说益明。

小传 杨慈湖，名简，字敬中，慈溪人。乾道五年，第进士，调当阳主簿，寻历诸官，以大中大夫致仕。宝庆二年卒，年八十六，谥文元。慈湖官当阳时，始遇象山。象山数提本心二字，慈湖问何谓本心？象山曰："君今日所听者扇讼，扇讼者必有一是一非，若见得孰者为非，即决定某甲为是，某甲为非，非本心而何？"慈湖闻之，忽觉其心澄然清明，亟问曰："如是而已乎？"象山厉声答曰："更有何者？"慈湖退而拱坐达旦，质明，纳拜，称弟子焉。慈湖所著有《己易》《启蔽》二书。

己易 慈湖著《己易》，以为宇宙不外乎我心，故宇宙现象之变化，不外乎我心之变化。故曰："易者己也，非他也。以易为书，不以易为己不可也。以易为天地之变化，不以易为己之变化，不可也，天地者，我之天地，变化者，我之变化，非他物也。"又曰："吾之性，澄然清明而非物，吾之性，洞然无际而非量。天者，吾性之象，地者，吾性中之形。"故曰："在天成象，在地成形，皆我所为也。混融无内外，贯通无异种。"又曰："天地之心，果可得而见乎？果不可得而见乎？果动乎？果未动乎？特未察之而已，似动而未尝移，似变而未尝改，不改不移，谓之寂然不动可也，谓之无思无虑可也，谓之不疾而速不行而至可也，是天下之至动也，是天下之至赜也。"又曰："吾未见天地人之有三也，三者形也，一者性也，亦曰道也。又曰易也，名言之不用，而其实一体也。"

结论 象山谓宇宙内事即己分内事，其所见固与慈湖同。惟象山之说，多就伦理方面指点，不甚注意于宇宙论。慈湖之说，足以补象山之所未及矣。

第十二章 王阳明

陆学自慈湖以后，几无传人。而朱学则自季宋，而元，而明，流行益广，其间亦复名儒辈出。而其学说，则无甚创见，其他循声附和者，率不免流于支离烦琐。而重以科举之招，益滋言行凿枘之弊。物极则反，明之中叶，王阳明出，中兴陆学，而思想界之气象又一新焉。

小传 王阳明，名守仁，字伯安，余姚人。少年尝筑堂于会稽山之洞中，其后门人为建阳明书院于绍兴，故以阳明称焉。阳朋以弘治十二年举进士，尝平漳南横水诸寇，破叛藩宸濠，平广西叛蛮，历官至左都御史，封新建伯。嘉靖七年卒，年五十七。隆庆中，赠新建侯，谥文成。阳明天资绝人，年十八。谒娄一斋，慨然为圣人可学而至。尝遍读考亭之书，循序格物，终觉心物判而为二，不得入，于是出入于佛老之间。武宗时，被谪为贵州龙场驿丞，其地在万山丛树之中，蛇虺魍魉虫毒瘴疠之所萃，备尝半苦，动心忍性。因念圣人处此，更有何道。遂悟格物致知之旨，以为圣人之道，吾性自足，不假外求，自是遂尽去枝叶，一意本原爲。所著有《阳明全集》《阳明全书》。

心即理 心即理，象山之说也。阳明更疏通而证明之曰:“理一而已。以其理之凝聚言之谓之性；以其凝聚之主宰言之谓之心；

以其主宰之发动言之谓之意；以其发动之明觉言之谓之知；以其明觉之感应言之谓之物。故就物而言之谓之格；就知而言之谓之致，就意而言之谓之诚；就心而言之谓之正。正者正此心也，诚者诚此心也，致者致此心也，格者格此心也，皆谓穷理以尽性也。天下无性外之理，无性外之物。学之不明，皆由世之儒者认心为外，认物为外，而不知义内之说也。”

知行合一 朱学泥于循序渐进之义，曰必先求圣贤之言于遗书。曰自洒扫应对进退始。其弊也，使人迟疑观望，而不敢勇于进取。阳明于是矫之以知行合一之说。曰：“知是行之始，行是知之成，知外无行，行外无知。”又曰：“知之真切笃实处便是行，行之明觉精密处便是知。若行不能明觉精密，便是冥行，便是学而不思则罔；若知不能真切笃实，便是妄想，便是思而不学则殆。”又曰：“大学言如好好色，见好色属知，好好色属行。见色时即是好，非见而后立志去好也。今人却谓必先知而后行，且讲习讨论以求知。俟知得真时，去行，故遂终身不行，亦遂终身不知。”盖阳明之所谓知，专以德性之智言之，与寻常所谓知识不同，而其所谓行，则就动机言之，如大学之所谓意。然则即知即行，良非虚言也。

致良知 阳明心理合一，而以孟子之所谓良知代表之。又主知行合一，而以大学之所谓致知代表之。于是合而言之，曰致良知。其言良知也，曰:“天命之性，粹然至善，其灵明不昧者，皆其至善之发见，乃明德之本体。而所谓良知者也。”又曰:“未发之中，即良知也。无前后内外，而浑然一体者也。”又曰:“虽妄念之发，而良知未尝不在，虽昏塞之极，而良知未尝不明。”于是进而言致知，则包诚意格物而言之，曰：“今欲别善恶以诚其意，惟在致其良知之所知焉尔。何则？意念之发，吾心之良知，既知其为善矣，使其不能诚有以好之，而复背而去之，则是以善为恶，自昧其知善之良知矣。意念之所发，吾之良知，既知其为不善矣，使其不能诚有以恶之，而复蹈而为之，则是以恶为善，而自昧其知恶之良知矣。若是，则虽曰知之，犹不知也。意其可得而诚乎？今于良知所知之善恶者，无不诚好而诚恶之。则不自欺其良知而意可诚矣。”又曰：“于其良知所知之善者，即其意之所在之物而实为之，无有乎不尽。于其良知所知之恶者，即其意之所在之物而实去之，无有乎不尽。然后物无不格，而吾良知之所知者，吾有亏缺障蔽，而得以极其至矣。”是其说，统格物诚意于致知，而不外乎知行合一之义也。

仁 阳明之言良知也，曰：“人的良知，就是草木瓦石的良知。若草木瓦石无人的良知，不可以为草木瓦石矣。岂惟草木瓦石为然，天地无人的良知，亦不可以为天地矣。”是即心理合一之义，谓宇宙即良知也。于是言其致良知之极功，亦必普及宇宙，阳明以仁字代表之。曰：“是故见孺子之入井，而必有怵惕恻隐之心焉，是其仁之与孺子而为一体也；孺子犹同类者也，见鸟兽之哀鸣觳觫而必有不忍之心焉，是其仁之与鸟兽而为一体也；鸟兽犹有知觉者也，见草木之摧折，而必有悯惜之心焉，是其仁之与草木而为一体也；草木犹有生意者也，见瓦石之毁坏，而必有顾惜之心焉，是其仁之与瓦石而为一体也，是其一体之仁也。虽小人之心，亦必有之。是本根于天命之性，而自然灵昭不昧者也。”又曰：“故明明德，必在于亲民，而亲民乃所以明其明德也。是故亲吾之父，以及人之父，以及天下人之父，而后吾之仁实与吾之父，人之父与天下人之父而为一体矣。实与之为一体，而后孝之明德始明矣。亲吾兄，以及人之兄，以及天下人之兄，而后吾之仁，实与吾之兄、人之兄与天下人之兄而为一体矣。实与之为一体，而后弟之明德始明矣。君臣也，夫妇也，朋友也，以至于山川鬼神草木鸟兽也，莫不实有以亲之，以达吾一体之仁，然后吾之明德始无不明，而真能以天地万物为一体矣。”

结论 阳明以至敏之天才，至富之阅历，至深之研究，由博返约，直指本原，排斥一切拘牵文义区画阶级之习，发挥陆氏心理一致之义，而辅以知行合一之说。孔子所谓我欲仁斯仁至，孟子所谓人皆可以为尧舜焉者，得阳明之说而其理益明。虽其依违古书之文字，针对末学之弊习，所揭言说，不必尽合于论理，然彼所注意者，本不在是。苟寻其本义，则其所以矫朱学末流之弊，促思想之自由，而励实践之勇力者，其功固昭然不可掩也。

第三期结论 自宋及明，名儒辈出，以学说飔理之，朱、陆两派之舞台而已。濂溪、横渠，开二程之先，由明道历上蔡而递演之，于是有象山学派；由伊川历龟山而递演之，于是有晦庵学派。象山之学，得阳明而益光大；晦庵之学，则薪传虽不绝，而未有能扩张其范围者也。朱学近于经验论，而其所谓经验者，不在事实，而在古书，故其末流，不免依傍圣贤而流于独断。

陆学近乎师心，而以其不胶成见，又常持物我同体知行合一之义，乃转有以通情而达理，故常足以救朱学末流之弊也。惟陆学以思想自由之故，不免轶出本教之范围。如阳明之后，有王龙溪一派，遂昌言禅悦，递传而至李卓吾，则遂公言不以孔子之是非为是非，而卒遘焚书杀身之祸。自是陆、王之学，益为反对派所诟病，以其与吾族尊古之习惯不相投也。朱学逊言谨行，确守宗教之范围，而于其范围中，尤注重于为下不悖之义，故常有以自全。然自本朝有讲学之禁，而学者社会，亦颇倦于搬运文字之性理学，于是遁而为考据。其实仍朱学尊经笃古之流派，惟益缩其范围，而专研诂训名物。又推崇汉儒，以傲宋明诸儒之空疏，益无新思想之发展，而与伦理学无关矣。阳明以后，惟戴东原，咨嗟于宋学流弊生心害政，而发挥孟子之说以纠之，不愧为一思想家。其他若黄梨洲，若俞理初，则于实践伦理一方面，亦有取蕴蕴已久之古义而发明之者，故叙其概于下。

戴东原 名震，休宁人。卒于乾隆四十二年，年五十五。其所著书关于伦理学者，有《原善》及《孟子字义疏证》。

其学说 东原之特识，在窥破宋学流弊，而又能以论理学之方式证明之。其言曰："六经孔孟之言，以及传记群籍，理字不多见。今虽至愚之人，悖戾恣睢，其处断一事，责诘一人，莫不辄曰理者。自宋以来，始相习成俗，则以理为如有物焉。得于天而具于心，因以心之意见当之也。于是负其气，挟其势位，加以口给者，理伸；力弱气慴，口不能道辞者，理屈。"又曰："自宋儒立理欲之辨，谓不出于理，则出于欲，不出于欲，则出于理。于是虽视人之饥寒号呼男女哀怨以至垂死冀生，无非人欲。空指一绝情欲之感，为天理之本然，存之于心，及其应事，幸而偶中，非曲体事情求如此以安之也。不幸而事情未明，执其意见，方自信天理非人欲，而小之一人受其祸，大之天下国家受其祸。”又曰：“今之治人者，视古圣贤体民之情，遂民之欲，多出于鄙细隐曲，不措诸意，不足为怪，而及其责以理也，不难举旷世之高节，著于措而罪之。尊者以理责卑，长者以理责幼，贵者以理责贱，虽失谓之顺。卑者、幼者、贱者以理争之，虽得谓之逆。于是下之人，不能以天下之同情天下所同欲达之于上，上以理责其下，而在下之罪，人人不胜指数。人死于法，犹有怜之者；死于理，其谁怜之！”又曰：“理欲之辨立，举凡饥寒愁怨饮食男女常情隐曲之感，则名之曰人欲。故终身见欲之难制，且自信不出于欲，则思无愧怍，意见所非，则谓其人自绝于理。”又曰：“既截然分理欲为二，治己以不出于欲为理，治人亦必以不出于欲为理。举凡民之饥寒愁怨饮食男女常情隐曲之感，咸视为人欲之甚轻者矣。轻其所轻，乃吾重天理也，公义也。言虽美而用之治人则祸其人。至于下以欺伪应乎上，则曰人之不善。此理欲之辨，适以穷天下之人，尽转移为欺伪之人，为祸何可胜言也哉！”其言可谓深切而著明矣。至其建设一方面，则以孟子为本，而博引孟子以前之古书佐证之。其大旨，谓天道者，阴阳五行也。人之生也，分于阴阳五行以为性，是以有血气心知，有血气，是以有欲，有心知，是以有情有知。给于欲者，声色臭味也，而因有爱畏。发乎情者，喜怒哀乐也，而因有惨舒。辨于知者，美丑是非也，而因有好恶。是东原以欲、情、知三者为性之原质也。然则善恶何自而起？东原之意，在天以生生为道，在人亦然。仁者，生生之德也。是故在欲则专欲为恶，同欲为善。在情则过不及力恶，中节方善。而其条理则得之于知。故曰："人之生也，莫病于无以遂其生，欲遂其生，亦遂人之生，仁也。欲遂其生，至于戕贼人之生而不顾者，不仁也。不仁实始于欲遂其生之心，使其无此欲，必无不仁矣。然使其无此欲，则于天下之人生道始促，亦将漠然视之，己不必遂其生，其遂人之生，无是情也。"又曰："在己与人，皆谓之情，无过情不及情之谓理。理者，情之不爽失也，未有情不得而理得者也。凡有所施于人，反躬而静思之，人以此施于我，能受之乎？凡有所责于人，反躬而静思之，人以此责于我，能尽之乎？以我絜之人，则理明。"又曰："生养之道，存乎欲者也。感通之道，存乎情者也。二者自然之符，天下之事举矣。尽善恶之极致，存乎巧者也，宰御之权，由斯而出。尽是非之极致，存乎智者也，贤圣之德，由斯而备。二者亦自然之符，精之以底于必然，天下之能举矣。"又曰："有是身，故有声色臭味之欲。有是身，而君臣父子夫妇昆弟明友之伦具，故有喜怒哀乐之情。惟有欲有情而又有知，然后欲得遂也，情得达也。天下之事，使欲之得遂，情之得达，斯已矣。惟人之知，小之能尽美丑之极致，大之能尽是非之极致，然后遂己之欲者，广之能遂人之欲，达己之情者，广之能达人之情。道德之盛，使人之欲无不遂，人之情无不达，斯已矣。"凡东原学说之优点，有三：（一）心理之分析。自昔儒者，多言性情之关系，而情欲之别，殆不甚措意，于知亦然。东原始以欲、情、知三者为性之原质，与西洋心理学家分心之能力，为意志、感情、知识三部者同。其于知之中又分巧、智两种，则亦美学、哲学不同之理也。（二）情欲之制限。王荆公、程明道，皆以善恶为即情之中节与否，而于中节之标准何在，未之言。至于欲，则自来言绝欲者，固近于厌世之义，而非有生命者所能实行。即言寡欲者，亦不能质言其多寡之标准。至东原而始以人之欲为己之欲之界，以人之情为己之情之界，与西洋功利派之伦理学所谓人各自由而以他人之自由为界者同。（三）至善之状态。庄子之心斋，佛氏之涅槃，皆以超绝现世为至善之境。至儒家言，则以此世界为范围。先儒虽侈言胞一体之义，而竟无以名言其状况，东原则由前义而引伸之。则所谓至善者，即在使人人得遂其欲，得达其情，其义即孔子之所谓仁恕，不但其理颠扑不破，而其致力之处，亦可谓至易而至简者矣。凡此皆非汉宋诸儒所见及，而其立说之有条贯，有首尾，则尤其得力于名数之学者也。（乾嘉间之汉学，实以言语学兼论理学，不过范围较隘耳。）惟群经之言，虽大义不离乎儒家，而其名词之内容，不必一一与孔孟所用者无稍出入，东原囿于当时汉学之习，又以与社会崇拜之宋儒为敌，势不得有所依傍。故其全书，既依托于孟子，而又取群经之言一一比附，务使与孟子无稍异同，其间遂亦不免有牵强附会之失，而其时又不得物质科学之助力，故于血气与心知之关系，人物之所以异度，人性之所以分于阴阳五行，皆不能言之成理，此则其缺点也。东原以后,阮文达作《性命古训》《论语论仁论》,焦理堂作《论语通释》，皆东原一派，然未能出东原之范围也。

黄梨洲 名宗羲，余姚人，明之遗民也。卒于康熙三十四年，年八十六。著书甚多。兹所论叙,为其《明夷待访录》中之《原君》《原臣》二篇。

其学说 周以上，言君民之关系者，周公建洛邑曰："有德易以兴，无德易以亡。"孟子曰:"民为贵，社稷次之，君为轻。"言君臣之关系者，晏平仲曰："君为社稷死亡则死亡之，若为己死而为己亡，非其所昵，谁敢任之。"孟子曰："贵戚之卿，谏而不听，则易位，易姓之卿，谏而不听，则去之。"其义皆与西洋政体不甚相远。自荀卿、韩非，有极端尊君权之说，而为秦汉所采用，古义渐失。至韩愈作《原道》，遂曰："君者，出令者也。臣者，行君之令而致之于民者也。民者，出粟米丝麻作器皿通货财以事其上者也。"其推文王之意以作羑里操，曰:"臣罪当诛兮，天王圣明。"皆与古义不合，自唐以后，亦无有据古义以正之者，正之者自梨洲始。其《原君》也，曰："有生之初，人各自私也，人各自利也，天下有公利而莫或兴之，有公害而莫或除之；有君人者出，不以一己之利为利，而使天下受其利,不以一己之害为害,而使天下释其害。后之为人君者不然,以为天下利害之权，皆出于我。我以天下之利尽归于己，以天下之害尽归于人，亦无不可，使天下之人，不敢自私，不敢自利，以我之大私，为天下之公；始而惭焉，久而安焉，视天下为莫大之产业，传之子孙，受享无穷。此无他，古者以天下为主，君为客，凡君之所毕世而经营者，为天下也。今也以君为主，天下为客，凡天下之无地而得安宁者，为君也。”其《原臣》也，曰：“臣道如何而后可？曰：缘夫天下之大，非一人之所能治，而分治之以群工，故我之出而仕也，为天下，非为君也，为万民，非为一姓也。世之为臣者，昧于此义，以为臣为君而设者也，君分吾以天下而后治之，君授吾以人民而后牧之，视天下人民为人君囊中之私物。今以四方之劳扰，民生之憔悴，足以危吾君也，不得不讲治之救之之术。苟无系于社稷之存亡，则四方之劳扰，民生之憔悴，虽有诚臣，亦且以为纤介之疾也。”又曰：“盖天下之治乱，不在一姓之存亡，而在万民之忧乐，是故桀纣之亡，乃所以为治也。秦政蒙古之兴，乃所以为乱也。晋宋齐梁之兴亡，无与于治乱者也。为臣者，轻视斯民之水火，即能辅君而兴，从君而亡，其于臣道固未尝不背也。”在今日国家学学说既由泰西输入，君臣之原理，如梨洲所论者，固已为人之所共晓。然在当日，则不得不推为特识矣。

俞理初 名正燮，黟县人。卒于道光二十年，年六十。所著有《癸巳类稿》及存稿。

其学说 夫野蛮人与文明人之大别何在乎？曰：人格之观念之轻重而已。野蛮人之人格观念轻，故其对于他人也，以畏强凌弱为习惯；文明人之人格观念重，则其对于他人也，以抗强扶弱为习惯。抗强所以保己之人格，而扶弱则所以保他人之人格也。人类中妇女弱于男子，而其有人格则同。各种民族，诚皆不免有以妇女为劫掠品、卖买品之一阶级。然在泰西，其宗教中有万人同等之义，故一夫一妻之制早定。而中古骑士，勇于公战而谨事妇女，已实行抗强扶弱之美德。故至今日，而尊重妇女人格，实为男子之义务矣。我国夫妇之伦，本已脱掠卖时代，而近于一夫一妇之制，惟尚有妾媵之设。而所谓贞操焉者，乃专为妇女之义务，而无与于男子。至所谓妇女之道德，卑顺也，不妒忌也，无一非消极者。自宋以后，凡事舍情而言理。如伊川者，且目寡妇之再醮为失节，而谓饿死事小，失节事大，于是妇女益陷于穷而无告之地位矣。理初独潜心于此问题。其对于裹足之陋习，有《书旧唐书舆服志后》，历考古昔妇人履舄之式，及裹足之风所自起，而断之曰："古有丁男丁女，裹足则失丁女，阴弱则两仪不完。"又出古舞屣贱服，女贱则男贱。其《节妇说》曰："礼郊特牲云，一与之齐，终身不改，故夫死不嫁。《后汉书·曹世叔传》云：夫有再娶之义，妇无二适之文。"故曰："夫者天也。按妇无二适之文，固也，男亦无再娶之仪。圣人所以不定此仪者，如礼不下庶人，刑不上大夫，非谓庶人不行礼，大夫不怀刑也。自礼意不明，苟求妇人，遂为偏义。古礼夫妇合体同尊卑，乃或卑其妻。古言终身不改，身则男女同也。七事出妻，乃七改矣；妻改再娶，乃八改矣。男子理义无涯涘，而深文以罔妇人，是无耻之论也。"又曰："再嫁者不当非之，不再嫁者敬礼之斯可矣。"其《妒非女人恶德论》曰："妒在士君子为义德，谓女人妒为恶德者，非通论也。夫妇之道，言致一也。夫买妾而妻不妒，则是恝也，恝则家道坏矣。易曰：三人行则损一人，一人行则得其友，言致一也，是夫妇之道也。"又作《贞女说》，斥世俗迫女守贞之非。曰："乌呼！男儿以忠义自责则可耳，妇女贞烈，岂是男子荣耀也？"又尝考乐户及女乐之沿革，而以本朝之书去其籍为廓清天地，为舒愤懑。又历考娼妓之历史，而为此皆无告之民，凡苛待之者谓之虐无告。凡此种种问题，皆前人所不经意。至理初，始以其至公至平之见，博考而慎断之。虽其所论，尚未能为根本之解决，而亦未能组成学理之系统，然要不得不节取其意见，而认为至有价值之学说矣。

余论 要而论之，我国伦理学说，以先秦为极盛，与西洋学说之滥觞于希腊无异。顾西洋学说，则与时俱进，虽希腊古义，尚为不祧之宗，而要之后出者之繁博而精核，则迥非古人所及矣。而我国学说，则自汉以后，虽亦思想家辈出，而自清谈家之浅薄利己论外，虽亦多出入佛老，而其大旨不能出儒家之范围。且于儒家言中，孔孟已发之大义，亦不能无所湮没。即前所叙述者观之，以晦庵之勤学，象山、阳明之敏悟，东原之精思，而所得乃止于此，是何故哉？（一）无自然科学以为之基础。先秦惟子墨子颇治科学，而汉以后则绝迹。（二）无论理学以为思想言论之规则。先秦有名家，即荀、墨二子亦兼治名学，汉以后此学绝矣。（三）政治宗教学问之结合。（四）无异国之学说以相比较。佛教虽闳深，而其厌世出家之法，与我国实践伦理太相远，故不能有大影响。此其所以自汉以来，历二千年，而学说之进步仅仅也。然如梨洲、东原、理初诸家，则已渐脱有宋以来理学之羁绊，是殆为自由思想之先声。迩者名数质力之学，习者渐多，思想自由，言论自由，业为朝野所公认。而西洋学说，亦以新渐输入。然则吾国之伦理学界，其将由是而发展其新思想也，盖无疑也。

五十年来中国之哲学

（1923 年 12 月）

中国哲学，可以指目的，止有三时期：

一是周季，道家、儒家、墨家等，都用自由的思想，建设有系统的哲学，等于西洋哲学史中希腊时代。

二是汉季至唐，用固有的老庄思想，迎合印度宗教。译了许多经论，发生各种宗派。就中如华严宗、三论宗、禅宗、天台宗等，都可算宗教哲学。

三是宋至明，采用禅宗的理想，来发展儒家的古义。就中如陆王派，虽敢公然谈禅，胜似程朱派的拘泥；但终不敢不借儒家作门面。所以这一时期的哲学，等于欧洲中古时代的烦琐哲学。

从此以后，学者觉得宋明烦琐哲学，空疏可厌。或又从西方教士，得到数学、名学的新法。转而考证古书，不肯再治烦琐的哲学，乃专治更为烦琐之古语学、古物学等。不直接治哲学，而专为后来研究古代哲学者的预备。就中利用此种预备，而稍稍着手于哲学的，惟有戴震，他曾著《孟子字义疏证》与《原善》两书，颇能改正宋明学者的误处。戴震的弟子焦循著《孟子正义》《论语通释》等书，阮元著《性命古训》《论语论仁论》等篇，能演戴震家法，但均不很精深。这都是五十年以前的人物。

最近五十年，虽然渐渐输入欧洲的哲学，但是还没有独创的哲学。所以严格的讲起来，“五十年来中国之哲学”一语，实在不能成立。现在只能讲讲这五十年中，中国人与哲学的关系，可分为西洋哲学的介绍与古代哲学的整理两方面。

五十年来，介绍西洋哲学的，要推侯官严复为第一。严氏本到英国学海军，但是最擅长的是数学。他又治论理学、进化论，兼涉社会、法律、经济等学。严氏所译的书，大约是平日间研究过的。译的时候，又旁引别的书，或他所目见的事实，作为案语，来证明他。他的译文，又都是很雅驯，给那时候的学者，都很读得下去。所以他所译的书，在今日看起来，或嫌稍旧；他的译笔，也或者不是普通人所易解。但他在那时候选书的标准，同译书的方法，至今还觉得很可佩服的。

他译的最早、而且在社会上最有影响的，是赫胥黎的《天演论》(Huxley：Evolution and Ethics and other Essays)。自此书出后，“物竞”、“争存”、“优胜劣败”等词，成为人人的口头禅。严氏在案语里面很引了“人各自由，而以他人之自由为界”。“大利所在，必其两利”等格言。又也引了斯宾塞尔最乐观的学说。大家都不很注意。

严氏于《天演论》外，最注意的是名学。彼所以译Logic作名学，因周季名家辨坚白异同与这种学理相近。那时候墨子的《大取》《小取》《经》《经说》几篇，荀子的《正名》篇也是此类。后来从印度输入因明学，也是此类。但自词章盛行，名学就没有人注意了。严氏觉得名学是革新中国学术最要的关键。所以他在《天演论》自序及其他杂文中，常常详说内籀外籀的方法。他译穆勒的《名学》(John Stuart Mill：System of Logic)，可惜止译了半部。后来又译了耶芳斯《名学浅说》(W. S. Jevons：Logic)，自序道："不佞于庚子、辛丑、壬寅间曾译《名学》半部，经金粟斋刻于金陵，思欲赓续其后半，乃人事卒卒，又老来精神茶短，惮用脑力。而穆勒书，深博广大，非澄思渺虑，无以将事，所以尚未逮也。戊申孟秋，浪迹津沽，有女学生旌德吕氏谆求授以此学。因取耶芳斯浅说，排日译示讲解，经两月成书。"可以见严氏译穆勒书时，是很审慎的，可惜后来终没有译完。

严氏所最佩服的，是斯宾塞尔的群学。在民国纪元前14年，已开译斯氏的《群学肄言》(H. Spencer：Study of Sociology)，但到前10年才译成。他的自序说："其书……饬戒学者以诚意正心之不易，既已深切著明。而于操枋者一建白措注之间，辄为之穷事变，极末流，使功名之徒，失步变色，俯焉知格物致知之不容已。乃窃念近者吾国以世变之殷凡，吾民前者所造因皆将于此食其报，而浅谫剽疾之士，不悟其从来如是之大且久也。辄攘臂疾走，谓以旦暮之更张，将可以起衰，而以与胜我抗也。不能得。又搪撞号呼，欲率一世之人，与盲进以为破坏之事。顾破坏宜矣，而所建设者，又未必其果有合也，则何如稍审重而先咨于学之为愈乎。"盖严氏译这部书，重在纠当时政客的不学。同时又译斯密的《原富》(A. Smith：Inquiry into the Nature and Causes of the Wealth of Nations)以传布经济哲学。译孟德斯鸠的《法意》(C.D.S.Montesquieu；Spirit of Law)，以传播法律哲学。彼在《原富》的凡例说："计学以近代为精密，乃不佞独有取于是书，而以为先事者：盖温故知新之义,一也。其中所指斥当轴之迷谬。多吾国言财政，之所同然，所谓从其后而鞭之，二也。其书于欧亚二洲始通之情势，英法诸国旧日所用之典章，多所篡引，足资考镜，三也。标一公理,则必有事实为之证喻,不若他书,勃窣理窟洁净精微,不便浅学，四也。"可以见他的选定译本，不是随便的。

严氏译《天演论》的时候，本来算激进派，听说他常常说"尊民叛君，尊今叛古"八个字的主义。后来他看得激进的多了，反有点偏于保守的样子。他在民国纪元前9年，把他四年前旧译穆勒的On Liberty特避去"自由"二字，名作《群己权界论》。又为表示他不赞成汉人排满的主张，译了一部甄克思的《社会通诠》(E.Tenks:History of Politics)，自序中说"中国社会，犹然一宗法之民而已"。

严氏介绍西洋哲学的旨趣，虽然不很彻底，但是他每译一书,必有一番用意。译得很慎重,常常加入纠正的或证明的案语。都是很难得的。

《天演论》出版后，"物竞"、"争存"等语，喧传一时，很引起一种"有强权无公理"的主张。同时有一种根据进化论，而纠正强权论的学说，从法国方面输进来，这是高阳李煜瀛发起的。李氏本在法国学农学，由农学而研究生物学，由生物学而研究拉马尔克的动物哲学，又由动物哲学而引到克鲁巴金的互助论。他的信仰互助论，几与宗教家相象。民国纪元前 6 年顷，他同几个朋友，在巴黎发行一种《新世纪》的革命报，不但提倡政治革命，也提倡社会革命，学理上是以互助论为根据的。卢骚与伏尔泰等反对强权反对宗教的哲学，纪约的自由道德论，也介绍一点。李氏译了拉马尔克与克鲁巴金的著作，在《新世纪》发表。虽然没有译完，但是影响很大。李氏的同志如吴敬恒、张继、汪精卫等等，到处唱自由，唱互助，至今不息，都可用《新世纪》作为起点。

严、李两家所译的，是英、法两国的哲学，（惟克鲁巴金是俄国人，但他的《互助论》，是在英国出版的。）同时有介绍德国哲学的，是海宁王国维。王氏关于哲学的文词，在《静庵集》中。他的自序说:“余之研究哲学，始于辛、壬之间（民国纪元前 11 年、10 年间）癸卯春，始读汗德之纯理批评，苦其不可解，读几半而辍。嗣读叔本华之书而大好之。自癸卯之夏以至甲辰之冬，皆与叔本华之书为伴侣之时代也。所尤惬心者，则在叔本华之知识论，汗德之说，得因之以上窥。然于其人生哲学观，其观察之精锐，与认论之犀利，亦未尝不心怡神释也。后渐觉其有矛盾之处。去夏所作《红楼梦评论》，其立论虽全在叔氏之立脚地，然于第四章内，已提出绝大之疑问。旋悟叔氏之说，半出于其主观的性质，而无关于客观的知识；此意于《叔木华与尼采》一文中始畅发之。今岁之春（纪元前 7 年），复返而译汗德之书。嗣今以后，将以数年之力，研究汗德。他日稍有所讲，取前说而译之，亦一快也。”可以见王氏得力处，全在叔氏，所以他有

《叔本华之哲学及教育学说》一篇，谓“汗德憬然于形而上学之不可能，而欲以知识论易形而上学。……叔氏始由汗德之知识论出，而建设形而上学，复与美学、伦理学以完全之系统。……叔氏曰：‘我之为我，其现于直观中时，则块然空间及时间中之一物，与万物无异。然其现于反观时，则吾人谓之意志而不疑也。而吾人反观时，无知力之形式行乎其间，故反观时之我，我之自身也。然则我之自身，意志也。而意志与身体，吾人实视为一物，故身体者可谓之意志之客观化，即意志之入于知力之形式中者也。吾人观我时得由此二方面，而观物时，只由一方面，即惟由知力之形式中观之。故物之自身，遂不得而知。然由观我之例推之，则一切物之自身，皆意志也。’……古之言形而上学者，皆主知论，至叔本华而唱主意论。……叔氏更由形而上学，进而说美学。夫吾人之本质，既为意志矣。而意志之所以为意志，有一大特质焉，曰生活之欲。何则？生活者，非他，不过自吾人之知识中所观之意志也。……图个人之生活者，更进而图种姓之生活。……于是满足与空乏，希望与恐怖，数者如环无端，而不知其所终。……唯美之为物，不与吾人之利害相关系。而吾人观美时，亦不知有一己之利害。……不视此物为与我有利害之关系，而但观其物，则此物已非特别之物，而代表其物之全种，叔氏谓之曰实念。故美之知识，实念之知识也。……美之对吾人也，仅一时之救济，而非永远之救济，此其伦理学上之拒绝意志之说，所以不得已也。……从叔氏之形而上学，则人类于万物，同一意志之发现也。其所以视吾人为一个人，而与他人物相区别者，实由知力之薮。夫吾人之知力，既以空间、时间为其形式矣，故凡现于知力中者不得不复杂。既复杂矣，不得不分彼我。故空间、时间二者，……个物化之原理也。……若一旦超越此个物化之原理，而认人与己皆此同一之意志，知己所弗欲者，人亦弗欲之，各主张其生活之欲而不相侵害，于是有正义之德。更进而以他人之快乐为己之快乐，他人之苦痛为己之苦痛，于是有博爱之德。于正义之德中，己之生活之欲，已加以限制，至博爱则其限制又加甚焉。故善恶之别，全视拒绝生活之欲之程度以为断。其但主张自己之生活之欲，而拒绝他人之生活之欲者，是谓过与恶。主张自己，亦不拒绝他人者，谓之正义。稍拒绝自己之欲以主张他人者，谓之博爱。然世界之根本，以存于生活之欲之故，故以苦痛与罪恶充之。而在主张生活之欲以上者，无往而非罪恶。故最高之善，存于灭绝自己生活之欲，且使一切物，皆灭绝此欲，而同入于涅槃之境。”此叔氏伦理学上最高之理想也。

“至叔氏哲学全体之特质，最重要者，出发点在直观，而不在概念是也。”

“彼之哲学，既以直观为唯一之根据，故其教育学之议论，亦皆以直观为本。……叔氏谓直观者，乃一切真理之根本，唯直接间接与此相联络者始得为真理，而去直观愈近者，其理愈真。若有概念杂乎其间，则欲其不罹虚妄，难矣。如吾人持此论以观数学，则欧几里得之方法，二千年间所风行者，欲不谓之乖谬，不可得也。……叔氏于教育之全体，无所往而不重直观。故其教育上之意见，重经验而不重书籍。……而美术之知识，全为直观之知识，而无概念杂乎其间，故叔氏之视美术也，尤重于科学。”

王氏又有《书叔本华遗传说后》一篇，驳叔氏“吾人之性质好尚，自父得之，而知力之种类及程度，由母得之”的说明。又对《释理》及《红楼梦评论》，皆用叔氏哲学作根据，对于叔氏的哲学，研究固然透彻，介绍也很扼要。

王氏又作《叔本华与尼采》一篇，说明尼采与叔本华的关系。尼采最初极端地崇拜叔本华，其后乃绝端与之反对，最为可异。王氏此文，专为解决这个问题起见。他说：“二人以意志为人性之根本也同，然一则以意志之灭绝，为其伦理学之理想；一则反是。一则由意志同一之假说，而唱绝对之博爱主义；一则唱绝对之个人主义。……尼采之学说，全本于叔氏。其第一期之说，即美术时代之说，全负于叔氏，固不待言。第二期之说，亦不过发挥叔氏之直观主义。其第三期之说，虽若与叔氏反对；然要之不外乎以叔氏之美学上之天才论，应用于伦理学而已。……叔氏谓吾人之知识，无不从充足理由之原则者，独美术之知识则不然。其言曰：‘美术者，离充足理由之原则而观物之道也。……天才之方法也。’……尼采乃推之于实践上，而以道德律之于个人，与充足理由之于天才，一也。……由叔本华之说，最大之知识，在超绝知识之法则。由尼采之说，最大之道德，在超绝道德之法则。……尼采由知之无限制说，转而唱意之无限制说。其察拉图斯德拉第一篇中之首章，述灵三变之说，言‘灵魂变为骆驼，由骆驼而变为狮，又由狮而变为赤子，……狮子之所不能为，而赤子能之者何？赤子若狂也，若忘也，万事之原泉也，游戏之状态也，自转之轮也，第一之运动也，神圣之自尊也。’使吾人回想叔本华之天才论曰：‘天才者，不失其赤子之心者也。……赤子，能感也，能思也，能教也。……彼之知力，盛于意志。知力之作用，远过于意志之所需要。故自某方面观之，凡赤子，皆天才也。又凡天才自某点观之，皆赤子也。’……叔氏于其伦理说，乃形而上学，所视为同一意忘之发现者；于知识论及美学上，则分为种种之阶级。彼于其大著述第一书之补遗中，说知力上之贵族主义。……更进而立大人与小人之区别。……对一切非天才而加以种种之恶谥：曰俗子，曰庸夫，曰庶民，曰舆台，曰合死者。尼采则更进而谓之曰众生，曰众庶。其所异者，惟叔本华谓知力上之阶级，惟由道德联结之。尼采则谓此阶级，于知力道德，皆绝对的而不可调和者也。叔氏以持知力的贵族主义，故于伦理学上虽奖卑屈之行，而于其美学上大非谦逊之德。尼采小人之德一篇中，恶谦逊。……其为应用叔氏美学之说于伦理学上，昭然可观。……叔本华与尼采，性行相似，知力之伟大相似，意志之强烈相似。其在叔本华，世界者，吾之观念也。于本体之方面，则曰世界万物，其本体皆与吾人之意志同，而吾人与世界万物，皆同一意志之表现也，自他方面言之，世界万物之意志，皆吾之意志也。于是我所有之世界，自现象之方面而扩于本体之方面。而世界之在我，自知力之方面而扩于意志之方面。然彼犹以有今日之世界为不足，更进而求最完全之世界。故其说虽以灭绝意志为归，而于其大著第四篇之末，仍反复灭不终灭，寂不终寂之说。彼之说博爱也，非爱世界也，爱其自己之世界而已，其说灭绝也，非真欲灭绝也，不满足今日之世界而已。……彼之形而上学之需要在此，终身之慰藉在此。……若夫尼采，以奉实证哲学，故不满于形而上学之空想。而其势力炎炎之欲，失之于彼岸者，欲恢复之于此岸，失之于精神者，欲恢复之于物质。……彼效叔本华之天才，而说超人，效叔本华之放弃充足理由之原则，而放弃道德。高视阔步，而姿其意志之游戏。宇宙之内，有知意之优于彼，或足以束缚彼之知意者，彼之所不喜也，故彼二人者，其执无神论，同也。其唱意志自由论，同也。……其所趋虽殊，而性质则一。彼之所以为此说者，无他，亦聊以自慰而已。……《列子》曰'周之尹氏大治产，其下趣役者，侵晨昏而弗息。有老役夫，筋力竭矣，而使之弥勤。昼则呻吟而即事；夜则昏惫而熟寐。昔梦为国君，居人民之上，总一国之事，游燕宫观。恣意所欲。觉则复役'。"“叔氏之天才之苦痛，其役夫之昼也。美学上之贵族主义，与形而上学之意志同一论，其国君之夜也。尼采则不然，彼有叔本华之天才，而无其形而上学之信仰，昼亦一役夫，梦亦一役夫，于是不得不弛其负担，而图一切价值之颠复。举叔氏梦中所以自慰者，而欲于昼日实现之，此叔本华之说，所以尚不反于普通之道德。而尼采则肆其叛逆而不惮者也。此无他，彼之自慰藉之道，固不得不出于此也。"

王氏介绍叔本华与尼采的学说，固然很能扼要；他对于哲学的观察，也不是同时人所能及的。彼作《论哲学家与美术家之天职》一篇，说“天下有最神圣最尊贵而无与于当世之用者，哲学与美术是已。天下之人，嚣然谓之曰‘无用’，无损于哲学美术之价值也。至为此学者，自忘其神圣之位置，而求以合当世之用，于是二者之价值失。……且夫世之所谓有用者，孰有过于政治家实业家者乎？世人喜言功用，吾姑以功用言之。夫人之所以异于禽兽者，岂不以其有纯粹之知识，与微妙之感情哉？甚于生活之欲，人与禽兽无以或异。后者，政治家及实业家之所供给。前者之慰藉满足，非求诸哲学及美术不可。就其所贡献于人之事业言之，其性质之贵贱，固以殊矣。至于其功效之所及言之，则哲学家与美术家之事业，虽千载以下，四海以外，苟其所发明之真理（哲学）与其所表之记号（美术）之尚存，则人类之知识感情，由此而得其满足慰藉者，曾无以异于昔。而政治家及实业家之事业，其及于五世、十世者希矣。此久暂之别也。然则人而无所贡献于哲学、美术，斯亦已耳。苟为真正之哲学家、美术家，又何慊乎政治家哉？披我中国之哲学史，凡哲学家无不欲为政治家者，斯可异已。孔、墨、孟、荀，汉之贾、董，宋之张、程、朱、陆，明之罗、王无不然。……夫然，故我国无纯猝之哲学。其最完备者，唯道德哲学与政治哲学耳。至于周、秦、两宋之形而上学，不过欲固道德哲学之根底，其对形而上学，非有固有之兴味也。其于形而上学且然，况乎美学、名学、知识论等，冷淡不急之问题哉？”又作《教育偶感》四则，中有《大学及优级师范学校之削除哲学科》说:“奏立学堂章程，张制军（之洞）之所手定，其大致取法日本学制，独于文料大学中，削除哲学一科，而以理学科代之。……自其科目之内容观之，则所谓理学者，仅指宋以后之学说。而其教授之范围，亦止于此。……抑吾闻叔本华之言曰：‘大学之哲学，真理之敌也。真正之哲学，不存于大学。哲学惟恃独立之研究，始得发达耳。’然则制军之削此科，抑亦斯学之幸欤？至于优级师范学校则不然。夫师范学校，所以养成教育家，非养成哲学家之地也。故其视哲学也，不以为一目的，而以为一手段。何则？不通哲学，则不能通教育学，及与教育学相关系之学，故也。且夫探宇宙人生之真理，而定教育之理想者，固哲学之事业。然此乃天才与专门家之所为，非师范学校之生徒所能有事也。师范学校之哲学科，仅为教育学之预备，若补助之用，而其不可废，亦即存乎此。何则？彼挟宇宙人生之疑惑，而以哲学为一目的而研究之者，必其力足以自达，而无待乎设学校以教之。且宇宙人生之事实，随处可观，而其思索，以自己为贵。故大学之不设哲学科，无碍斯学之发达也。若夫师范学校之生徒，其志望惟欲为一教育家，非于哲学上有极大之兴味也。而哲学与教育学之关系，凡稍读教育学之一二页者即能言之。……今欲舍哲学而言教育学，此则愚所大惑不解者也。”

王氏那时候热心哲学到这个地步。但是他不久就转到古物学、美术史的研究；在自序中所说“研究汗德”的结果，嗣后竟没有报告，也没有发表关于哲学的文辞了。

王氏介绍尼采学说，不及叔本华的详备；直到民国9年，李石岑所编《民铎》杂志第二卷第一号，叫作尼采号，就中叙述的有白山的尼采传，符所译的Nüge的尼采之一生及其思想。译大意的，有朱侣云的超人和伟人，张叔丹的查拉图斯特拉的绪言，刘文超的自己与身之类。批评的，有李石岑之尼采思想之批评，与S.T.W.的尼采学说之真价。比较的详备一点了。

《民铎》杂志第三卷第一号，在民国10年12月1日出版的建柏格森号。就中叙述的是严阮澄的《柏格森传》。译述的是蔡元培的《哲学导言》，柯一岑的《精神能力说》与《梦》，严阮澄的《绵延与自我》，范寿康的《柏格森的时空论》，冯友兰的《柏格森的哲学方法》。比较的是杨正宇的《柏格森之哲学与现代之要求》，瞿世英的《柏格森与现代哲学之趋势》，范寿康的《直观主义哲学的地位》。与佛学比较的，是吕澂的《柏格森哲学与唯识》，梁漱溟的《唯识家与柏格森》，黎锦熙的《维摩语经纪闻跋》。批评的是李石岑的《柏格森哲学之解释与批判》，张东荪的《柏格森哲学与罗素的批评》。又有一篇君劢的《法国哲学家柏格森谈话记》。谈话记的第一节说，“呜呼！康德以来之哲学家，其推倒众说，独辟蹊径者，柏格森一人而已。昔之哲学家之根本义曰常，曰不变，而柏氏之根本义，则曰变，曰动。昔之哲学家曰‘先有物而后有变有动’，而柏氏则曰‘先有变有动而后有物’。惟先物而后变动焉，故以物为元始的，而变动为后起的。惟先变动而后物焉，故以动为原始的，而物为后起的。昔之学者曰：‘时间者，年，月，日，时，分，秒，而已’，柏氏曰：‘此年，月，日，时，分，秒，乃数学的时间也，亦空间化之时间也。吾之所谓真时间，则过去、现在、未来三者相继续，属之自觉性与实生活中，故非数学所得而表现。’昔之哲学家，但知有物，而不知物之原起。柏氏曰‘天下无所谓物，但有行为而已。物者，即一时的行为也，由人类行为施其力于空间，而此行为之线路，反映于吾人眼中，则为物之面之边。’昔之哲学者曰:‘求真理之具，曰官觉，曰概念，曰判断。’柏氏曰:‘世界之元始的实在曰变动。故官觉、概念、判断三者，不过此变动之片段的照相。是由知识之选择而来，其本体不若是焉。’”虽寥寥数语，但柏氏哲学的真相，介绍得很深切了。

《民铎》杂志的尼采号，有尼采之著述及关于尼采研究之参考书；柏格森号亦有柏格森著述及关于柏格森研究之参考书。这可算是最周密的介绍法。

柏格森号中作“柏格森哲学与罗素的批评”一篇的张东荪，是专门研究柏格森哲学的。他已经译了柏氏的《创化论》(L’evo-lution Créatrice),现在又译《物质与记忆》(Matiere et Memoire)，听说不久可译完。

作《法国哲学家柏格森谈话记》的君劢，就是张嘉森，他是近两年专在欧洲研究新哲学的。到法国，就研究柏格森哲学。到德国，就研究倭铿哲学。他不但译这两个哲学家的书，又请柏氏、倭氏的大弟子特别讲解；又时时质疑于柏氏、倭氏。他要是肯介绍两氏的学说，必可以与众不同。介绍倭铿学说的人，还没有介绍柏氏的多，但《民铎》杂志第一卷，也有李石岑关于倭氏学说的论文。

柏氏、倭氏都是我们想请他到中国来讲学的人，倭氏因太老，不能来了。柏氏允来，尚不能定期。我们已经请到过两位大哲学家：一位是杜威，一位是罗素。

杜威的哲学，从詹姆士（William James）的实际主义演进来的。杜威将来的时候，他的弟子胡适作了一篇实验主义介绍他，先说明实验主义的起原，道："现今欧美很有势力的一派哲学，英文叫做 pragmatism，日本人译为‘实际主义’。这个名称本来还可用。但这一派哲学里面，还有许多大同小异的区别，‘实际主义’一个名目，不能包括一切支派。英文原名 Pragmatism 本来是皮耳士（C. S. Peirce）提出的。后来詹姆士把这个主义应用到宗教经验上去，皮耳士觉得这神用法不很妥当，所以他想把原来主义改称为 Pragmaticism，以别于詹姆士 Pragmatism，英国失勒（F. C. S. Schiller）一派，把这个主义的范围更扩充了，本来不过是一种辩论的方法，竟变成一种真理论和实在论了。（看詹姆士的 Meaning of Truth. 页 51）所以失勒提议改用‘人本主义’（Humanism）的名称。美国杜威一派，仍旧回到皮耳士所用的原意，生重方法论一方面；他又嫌詹姆士和失勒一般人，太偏重个体事物和意志的方面，所以他不愿用 Pragmatism 的名称，他这一派自称为工具主义（Instrumntalism），又可译为‘应用主义’或‘器用主义’。因为这一派里面有这许多区别，所以不能不用一个涵义最广的总名称。‘实际主义’四个字让詹姆士独占。我们另用‘实验主义’的名目来做这一派哲学的总名。就这两个名词的本义来看，‘实际主义’（Pragmatism）注重实际的效果，‘实验主义’（Experimentalism）虽然也注重实际的效果，但他更能点出这种哲学所最注意的是实验的方法。实验的方法，就是科学家在试验室里用的方法。这派哲学的始祖皮耳士常说他的新哲学不是别的，就是‘科学试验室的态度’（The Laboratory attitude of Mind）。这种态度，是这种哲学的各派所公认的，所以我们可用来做一个‘类名’。”这一节叙杜威学派的来原很清楚，后来杜威讲“现代三大哲学家”，又把詹姆士的学说介绍了一回。所以杜威一来，连詹姆士也同时介绍了。

杜威在中国两年，到的地方不少，到处都有演讲。但是长期的学术演讲，止在北京、南京两处，北京又比较的久一点。在北京有五大演讲，都是胡适口译的：

第一，社会哲学与政治哲学。

第二，教育哲学。

第三，思想之派别。

第四，现代的三个哲学家。

第五，伦理讲演。

胡氏不但临时的介绍如此尽力，而且他平口关于哲学的著作，差不多全用杜威的方法，所以胡氏可算是介绍杜威学说上最有力的人。他在杜威回国时，又作了一篇《杜威先生与中国》。就中有一段话：“杜威先生不曾给我们一些关于特别问题的特别主’。——如共产主义、无政府主义、自由恋爱之类，——他只给了我们一个哲学方法，使我们用这个方法去解决我们自己的特别问题。他的哲学方法，总名叫做‘实验主义’；分开来可作两步说：(1) 历史的方法‘祖孙的方法’：他从来不把一个制度或学说，看作一个孤立的东西，总把他看作一个中段：一头是他所以发生的原因，一头是他自己发生的效果；上头有他的祖父，下头有他的子孙。捉住了这两头，他再也逃不出去了！这个方法的应付，一方面是很忠厚宽恕的，因为他处处指出一个制度或学说所以发生的原因，指出他历史的背景，故能了解他在历史上的地位与价值，故不致有过分的苛责。一方面，这个方法又很是严厉的，最带有革命性质的。因为他处处拿一个学说或制度发生的结果，来评判他本身的价值，故最公平，又最厉害。这种方法，是一切带有评判精神的运动的一个武器。(2) 实验的方法：实验的方法，至少注重三件事：(一) 从具体的事实与境地下手；(二) 一切学说理想，一切知识，都只是待证的假设，并非天经地义；(三) 一切学说与理想，都须用实行来试验过。实验是真理的唯一试金石。第一件，——注意具体的境地，——使我们免去许多无谓的问题，省去许多无意识的争论。第二件，一切学理都看作假设，——可以解放许多‘古人的奴隶’。第三件——实验，——可以稍稍限制那上天下地的妄想冥想。实验主义只承认那一点一滴做到的进步，步步有智慧的指导，步步有自动的实验——才是真进化。”可算是最简要的介绍。

胡氏以外，还有杜威的弟子蒋梦麟、刘伯明、陶知行等等。蒋氏方主持《新教育》，特出了一本杜威号。刘氏、陶氏，当杜威在南京、上海演讲时，担任翻译。刘氏还译了杜威所著的思维术。

罗素在北京也有五大讲演：

第一，数理逻辑。

第二，物之分析。

第三，心之分析。

第四，哲学问题。

第五，社会构造论。

都是赵元任口译的。在《数理逻辑》印本后，有张崧年试编罗素既刊著作目录一卷。

在罗素没有到中国以前，已有人把他著的书翻译了几部，如《到自由之路》《社会改造原理》等。罗素的数学与哲学，我国人能了解而且有兴会的，很不多。他那关于改造社会的理想，很有点影响。他所说的人应当裁制他占有的冲动，发展他创造的冲动。同称引老子的“生而不有，为而不恃，长而不宰”主义，很引起一种高尚的观念，可与克鲁巴金的“互助”主义，有同等价值。

五十年内，介绍西洋哲学的成绩，大略如是。现在要讲到整顿国故的一方面了。近年整理国故的人，不是受西洋哲学影响，就是受印度哲学影响的。所以我先讲五十年来我国人对于印度哲学的态度。

民国纪元前 47 年，石隶杨文会始发起刻书本藏经的事。前二三年，他在江宁延龄巷，设金陵刻经处。他刻经很多，又助日本人搜辑续藏经的材料，又也著了几种阐扬佛教的书。但总是信仰方面的工夫，不是研究的。他所作的《佛法大旨》里面说:“如来设教，义有多门。譬如医师，应病与药。但旨趣玄奥，非深心研究,不能畅达。何则？出世妙道,与世俗知见,大相悬殊。西洋哲学家数千年来精思妙想,不能入其堂奥。盖因所用之思想，是生灭妄心；与不生不灭常在真心，全不相应。是以三身四智，五眼六通，非哲学所能企及也。”又云：“近时讲心理学者每以佛法与哲学相提并论，故章末特为指出以示区别。”（见《等不等观杂录》卷一）就是表明佛法是不能用哲学的方法来研究的。所以杨氏的弟子很多，就中最高明的如桂念祖、黎端甫、欧阳渐等，也确守这种宗法。直至民国5年，成都谢蒙编《佛学大纲》，下卷分作佛教论理学、佛教心理学、佛教伦理学三篇。从民国6年起，国立北京大学在哲学门设了“印度哲学”的教科，许丹、梁漱溟相继续的讲授,梁氏于7年10月间,印布所著的《印度哲学概论》，分印土各宗概略、本体论、认识论、世间论四编。立在哲学家地位，来研究佛法同佛法以前的印度学派，算是从此开端了。

至于整理国故的事业，也到严复介绍西洋哲学的时期，才渐渐倾向哲学方面。这因为民国纪元前18年,中国为日本所败，才有一部分学者，省悟中国的政教，实有不及西洋各国处，且有不及维新的日本处，于是基督教会所译的，与日本人所译的西洋书，渐渐有人肯看，由应用的方面，引到学理的方面，把中国古书所有的学理来相印证了。

那时候在孔子学派上想做出一个“文艺复兴”运动的，是南海康有为。他是把进化论的理论应用在公羊春秋的据乱、升平、太平三世，同《小戴记礼运》篇的小康大同上。他所著的《大同书》，照目录上是分作十部：甲部，入世界，观众苦。乙部，去国界，合大地。丙部，去级界，平民族。丁部，去种界，同人类。戊部，去形界，各独立。己部，去家界，为天民。庚部，去产界，公生业。辛部，去乱界，治太平。壬部，去类界，爱众生。癸部，去苦界，至极乐。已经刊布的，止有甲、乙两部，照此例推，知道从乙部到壬部，都是他理想的制度。甲部与癸部，是理论。他在甲部的第一章说："有生之徒，皆以求乐免苦而已，无他道矣。其有迂其途，假其道，曲折以赴，行苦而不厌者，亦以求乐而已。虽人之性有不同乎！而可断断言之曰，人道无求苦去乐者也。立法创教，令人有乐而无苦，善之善者也。能令人乐多苦少，善而未尽善者也。令人皆多乐少，不善者也。"他的人生观是免苦求乐。但是他不主张利己主义，因为见了他人的苦，自己一定不能乐了，因为"人有不忍之心"。他也不主张精神上的乐，可以抵偿物质上的苦，所以他说："人生而有欲，天之性哉！欲无可尽则常节之。欲可近尽，则愿得之。近尽者何？人人之所得者，吾其不欲得之乎哉？其不可得之也，则耻不比于人数也。其能得之也，则生人之趣应乐也。生人之乐趣，人情所愿欲者何？口之欲美饮食也，居之欲美宫室也；身之欲美衣服也；目之欲美色也；鼻子欲美香泽也；耳之欲美音声也；行之欲灵捷舟车也；用之欲使美机器也；知识之欲学问图书也；游观之欲美园林山泽也；体之欲无疾病也；养生送死之欲无缺也；身之欲游戏登临，从容暇豫，啸傲自由也；公事大政之欲预闻预议也；身世之欲无牵累压制而超脱也；名誉之欲彰彻大行也；精义妙道之欲入于心耳也；多书、妙画、古器、异物之欲罗于眼底也；美男妙女之欲得我意者而交之也；登山临水、泛海升天之获大观也。”（《大同书》甲部66页至67页）看物质上与精神上的快乐，都是必需的;他也不主张厌世主义，要脱世间的苦，求出世间的乐，他说：“乱世之神圣仙佛，凡百教主，皆苦矣哉！而尚来济也。岂若大同之世，太平之道，人人无苦患，不劳神圣仙佛之普度。而人人皆神圣仙佛，不必复有神圣仙佛。”他所主张的是创立一种令人有乐无苦的制与教，在地上建设天国，那时候就是“太平之世，性善之时”。这种主张，是以“不忍之心”为出发点的。他说：“夫见见觉觉者，形声于彼，传送目耳；冲动于魂气。凄凄怆怆，袭我之阳；冥冥岑岑，入我之阴；犹犹然而不能自已者，其何朕耶？其欧人所谓以太耶？其古所谓不忍之心耶？其人皆有此不忍之心耶？宁我独有耶？”又说：“天者，一物之魂质也;人者，亦一物之魂质也。虽形有大小，而其分浩气于太元，挹涓滴于大海，无以异也。……无物无电，无物无神。夫神者，知气也，魂知也，精爽也，灵明也，明德也，数者，异名而同实。有觉知则有吸摄；磁石犹然，何况于人？不忍者，吸摄之力也。故仁智同藏而智为先；仁智同用，而仁为贵矣。”（甲部5页至6页）他以快乐为人生究竟的目的,以同情为道德的起原，很有点象英国功利论的哲学。

方康氏著《大同书》的时候,他的朋友谭嗣同著了一部《仁学》。康氏说“以太”，说“电”，说“吸摄”，都作为“仁”的比喻；谭氏也是这样。康氏说“去国界”、“去级界”等等，谭氏也要去各种界限。这是相同的。但谭氏以华严及庄子为出发点，以破对待为论锋，不注意于苦乐的对待，所以也没有说去苦就乐的方法。他的《仁学》，有界说二十七条。就中最要的：（一）“仁以通为第一义。以太也，电也，心力也，皆指出所以通之具。”（三）“通有四义：中外通，多取其义于春秋，以太平世大小远近若一，故也。上下通，男女内外通，多取其义于易，以阳下阴吉，阴下阳吝，泰、否之类是也。人我通，多取其义于佛经，以无人相，无我相，故也。”（七）“通之象为平等。”（八）“通则必尊灵魂；平等则体魄可为灵魂。”（十一）“仁为天地万物之源。故惟心，故惟识。”（十三）“不生不灭，仁之体。”（十七）“仁，一而已，凡对待之词，皆当破之。”他的破对待的说明：“对待生于彼此；彼此生于有我。我为一，对我者为人则生二。人我之交则生三。参之，伍之，错之，综之。朝三而暮四，朝四而暮三，名实未亏，而爱恶因之。由是大小、多寡、长短、久暂，一切对待之名，一切对待之分别，淆然哄然。其瞒也，其自瞒也，不可以解矣。然而有瞒之不尽者，偶露端倪，所以示学人以路也。一梦而数十年月也。一思而无量世界也。尺寸之镜，无形不纳焉。铢两之脑，无物不志焉。……虚空有无量之星日，星日有无量之虚空，可谓大矣；非彼大也，以我小也。有人不能见之微生物；有微生物不能见之微生物，可谓小矣；非彼小也，以我大也。何以有大？比例于我小而得之。何以有小；比例于我大而得之。然则但无我见，世界果无大小矣。多寡、长短、久暂，亦复如是。疑以为幻，虽我亦幻也。何幻非真？何真非幻？真幻亦对待之词，不足疑对待也。惊以为奇，而我之能言，能动，能食，能思，不更奇乎？何奇非庸？何庸非奇？庸奇又对待之词，不足惊对待也。”（20页）他的不生不灭的说明：“不生不灭有征乎？曰弥望皆是也。如向所言化学诸理，穷其学之所至，不过析数原质而使之分，与并数原质而使之合，用其已然而固然者，时其好恶，剂其盈虚，而以号曰某物某物，如是而已。岂竟能消灭一原质，与别创造一原质哉？”（12至13页）又说：“今夫我何以知有今日也，比于过去未来而知之。然而去者则已去，来者又未来，又何知有今日？迨乎我知有今日，则固已逝之今日也。过去独无今日乎？乃谓曰过去。未来独无今日乎？乃谓之曰未来。今日则为今日矣，乃阅明日，则不谓今日为今日。阅又明日，又不谓明日为今日。日析为时，时析为刻，刻析为分，分析为秒忽。秒忽随生而随灭；确指某秒某忽为今日，确指某秒某忽为今日之秒忽，不能也。昨日之天地，物我据之以为生，今日则皆灭。今日之天地，物我据之以为生，明日则又灭。不得据今日为生，即不得据今日为灭。故曰，生灭，即不生不灭也。”（18至19页）举这几条例，可见他的哲理，全是本于庄子与华严了。他主张破对待，主张平等，所以他反对名教。反对以淫杀为绝对的恶。反对三纲。他主张通，所以反对闭关，反对国界，反对宁静安静，反对崇俭。他在那时候，敢出这种“冲决网罗”的议论，与尼采的反对基督教奴隶道德差不多了。

他的界说道："凡为仁学者，于佛书当通华严及心宗、相宗之书。于西书当通新约及算学、格致、社会学之书。于中国当通《易》《春秋》《公羊传》《论语》《礼记》《孟子》《庄子》《墨子》《史记》及陶渊明、周茂叔、张横渠、陆子、王阳明、王船山、黄梨洲之书。"（二十五）又说："算学虽不深，而不可不习几何学，盖论事办事之条段在是矣。"（二十六）又说："格致即不精，而不可不知天文、地舆、全体、心灵四学，盖群学群教之门径在是矣。"（二十七）那时候西洋输入的科学，固然很不完备，但谭氏已经根据这些科学，证明哲理，可谓卓识。仁学第 24 页："难者曰'子陈义高矣，既已不能行，而滔滔为空言，复事益乎？'曰，吾贵知不贵行也。知者，灵魂之事也。行者，体魄之事也。……行有限而知无限。……且行之不能及知，又无可如何之势也。手足之所接，必不及耳目之远；记性之所含，必不及悟知之广；权尺之所量，必不及测量之确；实事之所丽，必不及空理之精；夫孰能强易之哉？"也能说明哲学与应用科学不同的地方。

与康、谭同时，有平阳宋恕、钱唐夏曾佑两人，都有哲学家的资格。可惜他们所著的书，刊布的很少。宋氏止刊布《卑议》四十六篇，都是论政事的。他的自序印行缘起说："孟氏曰'人皆有不忍人之心，斯有不忍人之政。'……其有愿行不忍人之政者乎？其宁无取于斯议焉？"他在《卑议》中说："儒家宗旨，一言以蔽之，曰'抑强扶弱。'法家宗旨，一言以蔽之，曰'抑弱扶强'。洛闽讲学，阳儒明法。"（贤隐篇洛闽章第七）又说：

“洛闽祸世，不在谈理，而在谈理之大远乎公。不在讲学，而在讲学之大远乎实。”他的自叙说：“儒术之亡，极于宋元之际。神州之祸，极于宋元之际。苟宋元阳儒阴法之说一日尚炽，则孔孟忠恕仁义之教一日尚阻。”可见他也是反对宋元烦琐哲学，要在儒学里面做“文艺复兴”的运动。他在变通篇救惨章说:“赤县极苦之民有四，而乞人不与焉。一曰童养媳，一曰娼，一曰妾，一曰婢。”他说娼的苦：“民之无告于斯为极，而文人乃以宿娼为雅事，道学则斥难妇为淫贱。……故宿娼未为丧心，文人之丧心，在以为雅事也。若夫斥为淫贱，则道学之丧心也。”在同仁章说：“今国内深山穷谷之民多种，世目之曰黎，曰苗，曰猺，曰獠，被以丑名，视若兽类。……今宜于官书中，削除回，黎，苗，猺，獠等字样，一律视同汉民。”又在自叙说:“更卑于此，吾弗能矣。非弗能也，诚弗忍也。夫彼阳儒阴法者流，宁不自知其说之殃民哉？然而苟且图富贵，不恤以笔舌驱其同类于死地，千万亿兆乃至恒河沙数者，其恻隐绝也。今恕日食动物，比于佛徒，恻隐微矣。然此弗忍同类之忱，自幼至今，固解莫解，安能绝也？嗟乎！行年将三十矣。（作自序时，民国纪元前21年。）又三十年，则且老死。杂报如家，人天如客，轮转期迩，栗栗危惧。区区恻隐，于仁全量，如一滴水，与大海较。夫又安可绝也？夫又安可绝也？”可见他的理想，也是以同情为出发点。《卑议》以外的著作，虽然不可见，大略也可推见了。

夏氏是一个专门研究宗教的人，有给杨文会一封信：“弟子十年以来，深观宗教。流略而外，金头、五顶之书，基督天方之学，近岁粗能通其大义，辨其径途矣。惟有佛法，法中之王，此语不诬，至今益信。而兹道之衰，则实由禅宗而起。明末，唯识宗稍有述者，未及百年，寻复废绝。然衰于支那而盛于日本。近来书册之东返者不少，若能集众力刻之，移士夫治经学、小学之心以治此事，则于世道人心当有大益。……近来国家之祸，实由全国人民不明宗教之理之故所致；非宗教之理大明，必不足以图治也，至于出世，更不待言矣。又佛教源出婆罗门，而诸经论言之不详。即七十论，十句义，亦只取其一支，非其全体。而婆罗门亦自秘其经，不传别教。前年英人穆勒，始将四韦驮之第一种，译作英文；近已买得一分，分四册，二梵，二英。若能译之以行于世，则当为一绝大因缘。又英人所译印度教派，与中士奘师所传著不异。惟若提子为一大宗，我邦言之不详，不及数论胜论之伙。又言波商羯罗源出于雨众，将佛教尽灭之，而为今日现存婆罗门各派之祖。此事则支那所绝不知者。”（见杨文会《等不等观杂录》卷六）即此一信，也看得出研究范围的广与用工的久了。但是他至今没有发布他所研究的宗教哲学。他的著作，已经刊布的，止有《中国历史教科书》三册。今把这三册里面，稍近哲理的话，摘抄一点。

第一篇“世界之始”说：“人类之生，决不能谓其无所始。然其所始，说各不同，大约分为两派：古言人类之始者为宗教家；今言人类之始者为生物学家。宗教家者，随其教而异；各以其本群最古之书为凭。……详天地剖判之形，元祖降生之事。……

无一同者。昔之学人笃于宗教，每多出主人奴之意。今幸稍衰，但用以考古而已。至于生物学者，创于此百年以内。最著者英人达尔文之种源论。”（第一篇第一页）

“五行至禹而传”说:“包牺以降,凡一代受命,必有河图。……盖草昧之时，为帝王者，不能不托神权以治世，故必受河图以为天命之据。且不但珍符而已，图书均有文字（《河图洛书》），列治国之法，与《洪范》等，惜其书不传，惟《洪范》存于世。五行之说，殆为神州学术之质干。‘鲧湮洪水，汨陈其五行。帝乃震怒，不畀洪范九畴；彝伦攸斁，鲧则殛死。禹乃嗣兴，天乃锡禹洪范九畴，彝伦攸叙。’其诸西柰山之石版与？”（第一篇第 30 页）

“孔子以前之宗教”说:“孔子一身,直为中国政教之原。……然欲考孔子之道术，必先明孔子道术之渊源。孔子者，老子之弟子也。孔子之道，虽与老子殊异，然源流则出于老，故欲知孔子者不可不知老子。然老子生于春秋之季，欲知老子，又必知老子以前天下之学术若何。老子以前之学术明，而后老子之作用乃可识。老子之宗旨见，而后孔子之教育乃可推。至孔子教育之指要，既有所窥，则自秦以来，直至目前，此二千余年之政治盛衰，人材升降，文章学问，千枝万条，皆可烛照而数计矣。”（84 页）“鬼神术数之事，今人不能不笑古人之愚。然非愚也。盖初民之意,观乎人类,无不各具知觉。然而人之初生,本无知觉者也，其知觉不知何自而来。人之始死，本有知觉者也,其知觉又不知从何而去。于是疑肉体之外,别有一灵体存焉。

其生也，灵体与肉体相合而知觉显。其死也，灵体与肉体相分而知觉隐。有隐显而已，无存亡也。于是有人鬼之说。既而仰观于天，日月升沈，寒暑迭代，非无知觉者所能为也，于是有天神之说。俯观乎地，出云雨，长草木，亦非无知觉者所能为也，于是有地祇之说。人鬼，天神，地祇，均以生人之理推之而已。其他庶物之变，所不常见者，则谓之物魅，亦以生人之辩推之而已。此等思想，太古已然。逮至算术既明，创为律历、天文，诸事渐可测量。推之一二事而合，遂谓推之千万事而无不合，乃创立法术，以测未来之事，而术数家兴。”

“新说之渐”说：“鬼神术数之学，传自炎黄，至春秋而大备。然春秋之时，人事进化，骎骎有一日千里之势；鬼神术数之学，不足以牢笼一切。春秋之末，明哲之士，渐多不信鬼神术数者。……至于老子，遂一洗古人之面目。九流百家，无不源于老子。”

“老子之道”说：“老子之书，于今具在。讨其义蕴，大约以反复申明鬼神术数之误为宗旨。‘万物芸芸，各归其根；归根则静，是谓复命。’是知鬼神之情状，不可以人理推，而一切祷祀之说破矣。‘有物浑成，先天地生。’则知天地，山川，五行，百物之非原质，不足以明天人之故，而占验之说废矣。‘祸兮福所倚，福兮祸所伏。’则知祸福纯乎人事，非能有前定者，而天命之说破矣。鬼神，五行，前定既破，而后知‘天地不仁，以万物为刍狗。圣人不仁，以百姓为刍狗。’闳宫，清庙，明堂辟雍之制，衣裳，钟鼓，揖让，升降之文之更不足言也。虽然，老子为九流之初祖，其生最先。凡学说与政论之变也，其先出之书，所以矫前代之失者，往往矫枉过正。老子之书，有破坏而无建立，可以备一家之哲学，而不可以为千古之国教，此其所以有待于孔子与？”

“孔子之异闻”说：“盖自上古至春秋，原为鬼神术数之时代;乃合蚩尤之鬼道，与黄帝之阴阳以成文，皆初民所不得不然。至老子骤更之，必为天下所不许。书成身隐，其避祸之意耶？孔子虽学于老子，而知教理太高，必与民知不相适而废。于是去其太甚，留其次者，故去鬼神而留术数。《论语》言‘未知生，焉知死？’又言‘不知命，无以为君子’。即其例也。然孔子所言虽如此，而社会多数之习，终不能改，至汉儒乃以鬼神术数之理解经。”

“墨子之道”说：“其学与老子、孔子同出于周之史官，而其说与孔子相反。惟修身、亲士，为宗教所不可无，不能不与孔子同。其他则孔子亲亲，墨子尚贤。孔子差等，墨子兼爱。孔子繁礼，墨子节用。孔子重丧，墨子节葬。孔子说天，墨子天志。孔子远鬼，墨子明鬼。孔子正乐，墨子非乐。孔子知命，墨子非命。孔子尊仁，墨子贵义。殆无一不与孔子相反。然求其所以然之故，亦非墨子故为与孔子相戾；特其中有一端不同，而诸端遂不能不尽异。宗教之理，如算式然，一数改则各数尽改。‘墨子学于孔子，以为其礼烦扰而不悦；厚葬靡财而贫民；服伤生而害事。’（《淮南子》）丧礼者，墨子与孔子不同之大原也。儒家丧礼之繁重，为各宗教所无；然儒家则有精理存焉。儒家以君父为至尊无上之人，以人死为一往不返之事。以至尊无上之人，当一往不返之事，而孝又为政教全体之主纲，丧礼乌得而不重？墨子既欲节葬，必先明鬼。（有鬼神，则身死，犹有其不死者存，故丧可从杀。天下有鬼精之教，如佛教，耶教，回教，其丧礼无不简略者。）既设鬼神，则宗教为之大异。有鬼精，则生死轻，而游侠犯难之风起；异乎儒者之尊生。有鬼精，则生之时暂，不生之时常，肉体不足计，五伦不足重，而平等兼爱之义伸，异乎儒者之明伦。其他种种异义，皆由此起；而孔、墨遂成相反之教焉。”

“三家总论”：“老、孔、墨三大宗教，皆起于春秋之季，可谓奇矣。抑亦世运之有以促之也。其后孔子之道，成为国教。道家之真不传。（今之道家皆神仙家。）墨家遂亡。兴亡之故，固非常智所能窥；然亦有可浅测之者。老子于鬼神、术数，一切不取者也。其宗旨过高，非神州之人所解；故其教不能大。孔子留术数而去鬼神，较老子为近人矣；然仍与下流社会不合，故其教只行于上等人，而下等人不及焉。墨子留鬼神而去术数，似较孔子更近；然有天志而无天堂之福，有明鬼而无地狱之罪，是人之从墨子者苦身焦思而无报；违墨子者，放辟邪侈而无罚也；故上下之人均不乐之，而其教遂亡。至佛教西来，兼孔、墨之长，而去其短；遂大行于中国，至今西人皆以中国为佛教国也。”

第二篇《秦于中国之关系》：“秦政之尤大者则在宗教。始皇之相为李斯，司马迁称‘斯学帝王之术于荀子’。……荀子出于仲弓，其实乃孔门之别派也。观荀子非十二子篇，子思、孟子、子游、子夏，悉加丑诋。而己所独揭之宗旨，乃为性恶一端。夫性既恶矣，则君臣、父子、夫妇、兄弟、朋友之间，其天性本无所谓忠孝慈爱者；而弑夺杀害，乃为情理之常。于此而欲保全秩序，舍威刑劫制，末由矣。本孔子专制之法，行荀子性恶之旨，在上者以不肖持其下，无复顾惜；在下者以不肖自待，而蒙蔽其上。自始皇以来，积二千余年，国中社会之情状，犹一日也。社会若此，望其又安，自不可得……不能不叹秦人择教之不善也，然秦之宗教，不专于儒。大约杂采其利己者用之。神仙之说，起于周末，言人可长生不死，形化上天，此为言鬼神之进步。而始皇颇信其说，卢生、徐市之徒，与博士，诸生并用。中国国家，无专一之国教；孔子，神仙，佛，以至各野蛮之鬼神，常并行于一时一事之间；殆亦秦人之遗习与？”

“儒家与方士之糅合”说:“观秦汉时之学派,其质干有三:一、儒家,二、方士,三、黄老,一切学术,均以是三者离合而成之。……因儒家尊君，君者，王者之所喜也。方士长生，生者亦主者之所喜也。二者既同为王者之所喜，则其势必相妒；于是各盗敌之长技以谋独擅；而二家之糅合成焉。”

“儒家与方士分离即道教之原始”说：“鬼神术数之事，虽暂为儒者所不道。而此欢迎鬼神术数之社会，则初无所变更。故一切神怪之谭，西汉由方士并入儒林；东汉再由儒林分为方、术，于是天文，风角，河洛，风星之说，乃特立于六艺之外，而自成一家。后世相传之奇事灵迹，全由东汉人开之。……及张道陵起，众说乃悉集于张氏，遂为今张天师之鼻祖，然而与儒术无与矣。”

“三国末社会之变迁”说：“循夫优胜劣败之理，服从强权，遂为世界之公例。威力所及，举世风靡，弱肉强食，视为公义。于是有具智仁勇者出，发明一种抵抗强权之学说，以扶弱而抑强。此宗教之所以兴，而人之所以异于禽兽也。佛教，基督教，均以出世为宗，故其反抗者在天演。神州孔墨皆详世法，故其教中，均有舍身救世之一端。虽儒侠道违，有如水火；而此一端，不能异也。顾其为道，必为秉强权者之所深恶，无不竭力以磨灭之。历周秦至魏晋，垂及千年，上之与下，一胜一负，有如回澜。至司马氏而后磨灭殆尽。其兴亡之故，中国社会至大之原因也。”

看所引几条，夏氏宗教哲学的大意，也可见一斑了。

这时代的国学大家里面，认真研究哲学，得到一个标准，来批评各家哲学的，是余杭章炳麟。章氏自叙“思想变迁之迹”道：“少时治经，谨守朴学；所疏通证明者，在文字器数之间。虽尝博观诸子，略识微言，亦随顺旧义耳。遭世衰微，不忘经国；寻求政术，历览前史；独于荀卿、韩非所说，谓不可易。自余闳眇之旨，未暇深察。继阅佛藏，涉猎‘华严’、‘法华’、‘涅槃’诸经，义解渐深，卒未窥其究竟，及因系上海，三岁不觌；专修慈氏世亲之书。此一术也，以分析名相始，以排遣名相终。从入之途，与平生朴学相似；易于契机。解此以还，乃达大乘深趣。私谓释迦玄言，出过晚周诸子，不可计数。程朱以下，尤不足论。既出狱，东走日本……旁览彼士所译希腊、德意志哲人之书，时有概述邬彼尼沙陀及吠檀多哲学者，言不能详。

因从印度学士咨问。梵土大乘已亡，‘胜论数论’传习已少；惟吠檀多哲学，今所盛行。其所称述，多在常闻之外。以是数者，格以大乘，霍然察其利病，识其流变。……却后为诸生说庄子，问以郭义敷释，多不惬心；旦夕比度，遂有所得。端居深观而释‘齐物’乃与‘瑜珈’‘华严’相会。所谓‘摩尼现光，随见异色’；‘因陀帝纲，摄入无碍’；独有庄生明之，而今始探其妙。千载之秘，睹于一曙。次及荀卿、墨翟，莫不抽其微言。以为仲尼之功，贤于尧舜，其玄远终不敢望老庄矣。癸甲之际，厄于龙泉；始玩爻象，重籀《论语》，明作易之忧患，在于生生；生道济生，而生终不可济；饮食兴讼，旋复无穷；故惟文王为知忧患，惟孔子为知文王。《论语》所说，理关盛衰；赵普称半部治天下，非尽唐大无验之谈。又以庄证孔，而耳顺，绝四之指，居然可明；知其阶位卓绝，诚非功济生民而已。至于程、朱、陆、王诸儒，终未足以厌望。顷来重绎庄书，眇览‘齐物’芒刃不顿，而节族有间。凡古近政俗之消息，社会都野之情状，华梵圣哲之义谛，东西学人之所说，拘者执著而鲜通，短者执中而居间；卒之鲁莽灭裂，而调和之效，终未可睹。……余则操齐物以解纷，明天倪以为量；割制大理，莫不孙顺。程、朱、陆、王之俦，盖与王弼、蔡谟、孙绰、李充伯仲；今若窥其内心，通其名相，虽不见全象，而谓其所见之非象则过矣。世故有疏通知远，好为玄谈者；亦有文理密察，实事求是者；及夫主静居敬，皆足澄心；欲当为理，宜于宰世。苟外能利物，内以遣忧，亦各从其志尔。汉宋争执，焉用调人？喻以四民，各勤其业；瑕衅何为而不息乎？下至天教，执耶和华为造物主，可谓迷妄，然格以天倪，所误特在体相；其由果寻因之念，固未误也。诸如此类，不可尽说。执著之见，不离天倪；和以天倪，则妄自破而纷亦解。所谓'无物不然，无物不可'；岂专为圆滑，无所裁量者乎？自揣生平学术，始则转俗成真，终乃回真向俗。"（《蓟汉微言》末节）他在哲学上的主张，说得很明白了。

他对于佛教各宗，除密宗、净土宗外，虽皆所不弃，而所注重的是法相。与铁铮书："支那德教，虽各殊途；而根原所在，悉归于一；曰，依自不依他耳。上自孔子，至于孟、荀，性善性恶，互相阋讼。讫宋世，则有程、朱。与程、朱立异者，复有陆、王。与陆、王立异者，复有颜、李。虽虚实不同，拘通异状；而自贵其心，不以鬼神为奥主；一也。佛教行中中国，宗派十数；而禅宗为盛者，即以自贵其心，不援鬼神，与中国心理相合。故仆于佛教，独净土、秘密二宗，有所不取；以其近于祈祷，猥自卑屈；与勇猛无畏之心相左耳。虽然，禅宗诚斩截矣，而末流沿习，徒习机铮；其高者止于坚定，无所依傍；顾于惟心胜义，或不了解；得其事而造其理，是不能无缺憾。是故推言本原，则以法相为其根核。法相禅宗，本非异趣。达摩初至，即以楞伽传授。惜其后惟学'金刚般若'，而于法相渐疏。惟永明略有此意。今欲返古复始，则楞伽七卷，正为二宗之通邮。……然仆所以独尊法相者，则自有说。盖近世学术渐趋实事求是之涂。自汉学诸公，分条析理，远非明儒所企及。逮科学萌芽，而用心益复缜密矣。是故法相之学，于明代则不宜；于近代则甚适；

由学术所趋然也。”他本来深于诂言之学，又治唯识；所以很重名学。作《原名》，用唯识来解释荀子正名与墨经；又用因明与墨经及西洋名学相比较，说：“大秦与墨子者，其量皆先喻体，后宗。先喻体者，无所容喻依，斯其短于因明。”章氏的哲学，以唯识为基础，以齐物论为作用，所以他不赞成单面乐观的进化论，唱“俱分进化论”。说：“进化之所以为进化者，非由一方直进，而必由双方并进，专举一方，惟言智识进化可耳。若以道德言，则善亦进化，恶亦进化。若以生计言，则乐亦进化，苦亦进化。”

章氏说:“仁为恻隐，我爱所推;义为羞恶，我慢所变。”(《菿汉微言》)又说：“有我爱，故贪无厌；有我慢，故求必胜于人。”(《国故论衡》辨性上)承认我爱我慢，都有美恶两面。但因为我慢是西洋学者所不注意的，所以特别提出，说：“希腊学者括人心之所好，而立真善美三，斯实至陋之论。人皆著我，则皆以为我胜于他，而好胜之念，现之为争。”(《文录》五，《五无论》)所以他的辨性篇，虽然说：“孟、荀二家，皆以意根为性；意根，一实也，爱慢悉备，然其用之异形，一以为善，一以为恶，皆悲也。”但《五无论》又说:“性善之说,不可坚信。人心奴争，根于我见。”他所以取荀卿、韩非。

他说：“圆成实自性之当立”，“偏计所执性之当遣”，“有智者所忍可”。“惟依他起自性，介有与非有之间，识之殊非易易。自来哲学宗教诸师其果于建立本体者……于非有中起增益执。……其果于遮遣空名者……于幻有中起损减执。……此二种边执之所以起者，何也？由不识依他起自性而然也。”他用这个标准，来提倡第一义，所以说：“欲建立宗教者，不得于万有之中，而计其一为神；亦不得于万有之上，而虚拟其一为神。”又说：“今之立教，惟以自识为宗。识者云何？真如即是。惟识实性，所谓圆成实也。而此圆成实者，太冲无象，欲求趋实，不得不赖依他。逮其证得圆成，则依他亦自除遣。”（《建立宗教论》）所以他又有人无我论，五无论（无政府，无聚落，无人类，无众生，无世界）。（以上均见《文录》第四。）

但是他以齐物论为作用，又时取“随顺有边”之法。看国内基督教会的流布，在日本时，见彼方学者稗贩欧化的无聊；所以发矫枉的议论。如无神论，国家论，四惑论（一、公理，二、进化，三、惟物，四、自然）等。他说：“佛家既言惟识，而又力言无我；是故惟物之说有时亦为佛家所采。……其以物为方便，而不以神为方便者，何也？惟物之说，犹近平等。惟神之说，则与平等绝远也。”（《文录》四）所以他作无神论。他又以执名的比执相为劣。所以说：“世之恒言，知相知名者谓之智；独知相者谓之愚。蠕生之人，五识于五尘，犹是也；以不知名故，意识鲜通于法。然诸有文教者，则执名以起愚，彼蠕生者犹舍是。一曰征神教；……二曰征学术；……三曰征法论；……四曰征位号；……五曰征礼俗，……六曰征书契；……”（《国故论衡》辨性下）他又说：“天下无纯粹自由，亦无纯粹不自由。”“自利性与社会性，殊而一”（《读佛典杂记》），都是破执著的。

他又作订孔，道本，道微，原墨，通程，议王，正颜等（均见《检论》)，都可当哲学史的材料。他说王守仁是“剀切”，不是“玄远。”说颜元“所学务得皮肤,而总揽之用微”。都是卓见。他那《蓟汉微言》的上半卷,用“唯识”证明《易》《论语》《孟子》《庄子》的玄言，也都很有理致，不是随意附会的。

凡一时期的哲学，常是前一时期的反动，或是再前一时期的复活，或是前几个时期的综合，所以哲学史是哲学界重要的工具。这五十年中，没有人翻译过一部西洋哲学史，也没有人用新的眼光来著一部中国哲学史，这就是这时期中哲学还没有发展的证候。直到距今 4 年前，绩溪胡适把他在北京大学所讲的《中国哲学史大纲》上卷,刊布出来,算是第一部新的哲学史。胡氏用他实验哲学的眼光，来叙述批评秦以前的哲学家，最注重的是各家的辩证法，这正是从前读先秦哲学书者所最不注意的。而且他那全卷有系统的叙述，也是从前所没有的。

胡氏又著有《墨子哲学》、与《墨子小取篇新诂》，全是证明墨子的辩证法的。同时新会梁启超著《墨子学案》一部，也是墨家论理学占重要部分。

照上文所叙的看起来，我们介绍西洋哲学，整理固有哲学，都是最近三十年间的事业。成绩也不过是这一点。要做到与古人翻译佛典，发挥理学的一样灿烂，应当什么样努力？还想到当这个时代，对于我们整理固有哲学的要求，不但国内，就是西洋学者，也有这种表示。杜威在民国 9 年北京大学开学式的演说，提出媒合东西文化问题。又在北京大学哲学研究会说：“西方哲学偏于自然的研究；东方哲学，偏于人事的研究；希望调剂和合。”（《东西文化及其哲学》230 页）中国学者到欧美去游历，总有人向他表示愿意知道中国文化的诚意。因为西洋人对于他们自己的文化，渐渐儿有点不足的感想，所以想研究东方文化，做个参考品。最近……梁漱溟发布了一部《东西文化及其哲学》，是他深研这个问题以后的报告。他对东西文化之差别，下个结论道：“西方文化，是以意欲向前要求为其根本精神的；中国文化，是以意欲自为调和持中为其根本精神的；印度文化，是以意欲反身向后要求为其根本精神的。”又对于三方面的人生哲学，下个结论道：“西洋生活，是直觉运用理智的；中国生活，是理智运用直觉的；印度生活，是理智运用现量的。”他是断定这三种不同的文化，是不能融合的，“最妙是随问题转移而变其态度。”他说“西洋文化的胜利，只在其适应人类目前的问题。而中国文化，印度文化，在今日的失败……就在不合时宜罢了。……第一路走到今日，病痛百出，今世人都想抛弃他，而走这第二路。……中国文化复兴之后，将继之以印度文化。于是古文明之希腊、中国、印度三派，竟于三期间次第重现一遭。”他又决定我们中国人现在应持态度，道：第一，要排斥印度的态度，丝毫不能容留。第二，对于西方文化，是全盘承受。……第三，批评的把中国原来态度重新拿出来。”

文化问题，当然不但是哲学问题，但哲学是文化的中坚。梁氏所提出的，确是现今哲学界最重大的问题；而且中国人是处在最适宜于解决这个问题的地位。我们要想解决他，是要把三方面的哲学史细细检察，这三种民族的哲学思想，是否绝对的不能并行？是否绝对的不能融合？梁氏所下的几条结论，当然是他一个人一时的假定，引起我们大家研究的兴趣的。我所以介绍此书，就作为我这篇《五十年来中国之哲学》的末节。

据申报馆：《最近之五十年》，1923年12月出版。

简易哲学纲要

自序

哲学是人类思想的产物，思想起于怀疑，因怀疑而求解答，所以有种种假定的学说。普通人都有怀疑的时候，但往往听到一种说明，就深信不疑，算是已经解决了。一经哲学家考察，觉得普通人所认为业经解决的，其中还大有疑点；于是提出种种问题来，再求解答。要是这些哲学家有了各种解答了，他们的信徒认为不成问题了；然而又有些哲学家看出其中又大有疑点，又提出种种问题来，又求解答。有从前以为不成问题而后来成为问题的；有从前以为是简单问题而后来成为复杂问题的。初以为解答愈多，问题愈少，那知道问题反随解答而增加。几千年来，这样的递推下来，所以有今日哲学界的状况。从今以后，又照样的递推下去，又不知道要发展到怎样？这一半是要归功于文化渐进的成效；一半要归功于大哲学家的天才。我们初学哲学的人，最忌的是先存成见，以为某事某事，早已不成问题了。又最忌的是知道了一派的学说，就奉为金科玉律，以为什么问题，都可照他的说法去解决；其余的学说，都可置之不顾了。入门的时候，要先知道前人所提出的，已经有那几个问题？要知道前人的各种解答，还有疑点在那里？自己应该怎样解答他？这一本书，大半是提出问题与提出答案中疑点的，或者不至引人到独断论上去。

中华民国13年3月15日　蔡元培

凡例

一、是书除绪论及结论外，多取材于德国文得而班的《哲学入门》(W. Windelband：Einleitung in die philosophie)。文氏之书，出版于1914年及1920年。再版时稍有改订。日本宫本和吉氏所编的《哲学概论》，于大正5年出版的，就是文氏书的节译本。这两本都可作为本书的参考品。

二、读哲学纲要，不可不参看哲学史。国文的西洋哲学史，现在还止有瞿世英君所译美国顾西曼的一本，所以本书音译的固有名，凡瞿译本所有的，差不多都沿用了。有音译检对表，附在书后。

第一编 绪论

（一）哲学的定义

哲学是希腊文 philosophia 的译语。这个字是合 philos 和 sophia 而成的，philos 是爱，sophia 是智，合起来是爱智的意思。所以哲学家并不自以为智者，而仅仅自居于求智者。他们所求的智，又不是限于一物一事的知识，而是普遍的。若要寻一个我国用过的名词，以“道学”为最合。《韩非子·解老》篇说：“凡物之有形者，易裁也，易割也。何以论之？有形则有短长，有短长则有大小，有大小则有方圆，有方圆则有坚脆，有坚脆则有轻重，有轻重则有白黑。短长、大小、方圆、坚脆、轻重、白黑之谓理。”又说：“凡理者，方圆、短长、粗靡、坚脆之分也；故理定而后可道也。理定，有存亡，有死生，有盛衰。夫物之一存一亡，乍死乍生，初盛而后衰者，不可谓常。惟夫与天地之剖判也俱生，至天地之消灭也不死不衰者，谓常者。而常无定理。无定理非在于常所，是以不可道也。圣人执其玄虚，用其周行，强字之曰道。”又说：“万物各异理，而道盖稽万物之理。”“理者，成物之文也；道者，万物之所以成也。”他所说的理，是有长广厚可以度，有轻重可以权，有坚度感到肤觉，有光与色感到视觉，而且有存亡死生盛衰的变迁可以记述。这不但是属于数学、物理学、化学、天文学、地质学等的无机物，而且属于生物学的有机物，也在其内；并且有事实可求、有统计可考的社会科学，或名作文化科学的，也在其内。所以理学可以包括一切科学的内容。至于他所说的道，是“尽稽万理”“所以成万物”的，就是把各种科学所求出来的公例，从新考核一番，去掉他们互相冲突的缺点，串成统一的原理。这正是哲学的任务。他又说是“不死不衰”的，这就是“无穷”“不灭”的境界，正是哲学所求的对象。他又说：“圣人执其玄虚，用其周行”，哲学理论方面所求的是“形而上”，是“绝对”，所以说是“玄虚”。他的实际方面是一切善与美的价值所取决，所以说是“周行”。所以他所说的道，是哲学的内容。但是宋以后，道学、理学，名异实同，还不如用哲学的译名，容易了解。

（二）哲学的沿革

最早的哲学，寄托在神话里面。我们古代的神话，要解说天地万物生的原因，就说是有一个盘古，开辟天地；死后，骨为山岳，血为河海，眼为日月；毛发为草木，身之诸虫为动物。要解说民族中有体力智力俊异的少数人，就说是上帝感生的。印度人说梵天产生一切，希伯来人说上帝创世，都是这一类。后来有一类人，在人事上有一点经验，要借神话的力量来约束人，所以摩西说在西乃山受十诫；我们的古书也说天命有德，天讨有罪。这些话，是用宗教寄托哲学，来替代神话的时代。这时候的宗教家，是一切知识行为的总管。但看我们自算学、天文学、医学以至神仙、方技与道家的哲学，都是推原黄帝；印度的祭司、学者、诗人，均属于婆罗门一阶级，就可证明。但是宗教以信仰为主，他所凭为信仰的传说，不但不许人反对，并且不许人质问。然而这些传说，虽说是上帝或天使所给，这不过一种神道设教的托词，或是积思以后的幻相。如《管子》所说“思之思之，鬼神通之”，及后世文人所说“若有神助”之类，实际上是几个较为智慧的人凭着少数经验与个人思索构造出来的，什么能长久的范围多数人心境，叫他不敢跳出去呢？所以宗教盛行以后，一定有人怀疑。怀疑了，就凭着较多的经验，较深的思索，来别出一种解说。这就是哲学的起原。哲学是从怀疑起来的，所以哲学家所得的解说，决不禁人怀疑。而同时怀疑的，也决不止他一人，就各有各的解说。我们自老子首先开放，便有孔、墨等不同的学说接踵而起。希腊自泰利士创说万物原素，就有安纳西门特、安纳西米尼斯等不同的学说接踵而起。这就可以看出哲学与宗教不同的重点。但哲学的性质虽与宗教不同，而在科学没有成立的时代，他也有包办一切知识（关于行为的知识，也在其内）的任务。他的范围，竟与宗教相等。所以哲学常常与宗教相参杂。老子的学说，被神仙家利用而为道教；孔子的学说，被董仲舒等利用而为儒教。希腊柏拉图学说被基督教利用而为近于宗教的新派；亚利士多德学说在欧洲中古时代，完全隶属于基督教麾下。这全是因为科学没有发展的缘故。

欧洲的哲学，托始于希腊人。希腊人是最爱自然、最尚自由的民族。所以泰利士的哲学，就注意于宇宙观，而主万物皆原于水说。其后安纳西门特即改为无定质说。安纳西米尼斯又改为出于气说。而毕泰哥拉又主万有皆数说。希拉克里泰主万有皆出于火说。思比多立主火、气、水、土四原素说。安纳撒哥拉斯又说以无数性质不同的原素。看出他们的注意点全在自然界，而且各有各的见解，决不为一先生之说所限定。后来经过哲人派与苏格拉底、柏拉图等切近人事的哲学，但一到亚利士多德，就因旅行上随地考察的结果，遂于道德、政治、文学、玄学诸问题外，建设论理学，而且博涉物理、动物、植物学等问题。虽在经院哲学时代，亚氏所建设的科学，仍为教会所利用；然文艺中兴以后，欧人爱好自然的兴会，重行恢复，遂因考察、试验的功效，而各种包含于哲学的问题，渐渐自成为一种系统的知识，而建设为实证的科学。其初是自然科学，后又应用自然科学的方法于社会科学，而社会学、经济学、心理学等，均脱离哲学而成为独立的科学；近且教育学、美学等亦有根据实证的方法，而建设科学的倾向。一方面，科学家所求出的方法与公例，都可以作哲学的旁证；一方面又因哲学的范围，逐渐减小；哲学家的研究，特别专精，遂得逐渐深密。所以欧洲哲学的进步，得科学的助力不少。我们古代哲学家，用天、地、水、火、雷、风、山、泽八科卦象，说明万有；后来又有用水、火、木、金、土五行的一说。并非不注意于自然现象。但自五行说战胜八卦说以后就统宰一切，用以说明天文，说明灾异，说明病理药物，说明政制，说明道德，遂不觉得有别种新说的必要。最早的哲学家老子，是专从玄学的原理，应用到人事。孔子虽号为博物，然而教人的学问，止有德行、政治、言语、文学等科，农圃等术，自称不如老农、老圃；读诗，又但言“多识鸟兽草木之名”，可以看出对于自然界的淡漠。止有墨子，于讲兼爱、尚贤以外，尚有关乎力学、光学的说明，或可推为我国的亚利士多德。然自孔学独尊以后，墨学中断。虽在五代时尚有墨子化金术的假托，但并不能有功于学术。因为孔学淡漠自然的关系，所以汉以后学者从没有建设科学的志愿。陆、王一派，偏于惟心主义；阳明至有格竹七日而病之说，固不待言。朱考亭一派，以即物穷理说格物，对于自然现象及动植物等，也曾多方的试为解说，而终没有引入科学的门径。在欧洲因有古代炼金术而演成化学；我国也有淮南子、抱朴子等炼丹术，而没有产出化学的机会。欧洲因有医药术，而产出生理、地质、植物、动物等学；我国也有铜人图、本草等，而没有产出生理、生物等学的机会。所以我国的哲学，没有科学作前提，永远以“圣言量”为标准，而不能出烦琐哲学的范围。我们现在要说哲学纲要，不能不完全采用欧洲学说。

（三）哲学的部类

哲学与科学，不是对待的，而是演进的。起初由哲学家发出假定的理论，再用观察试验或统计来考核他；考核之后，果然到处可通，然后定为公例。一层一层的公例，依着系统编制起来，就是科学。但是科学的对象，还有观察试验或统计所无从着手；而人的思想又不能不到的，于是又演出假定的理论。这就是科学的哲学。例如数学的哲学（共学社译有罗素《算理哲学》）、物理的哲学（牛顿与安斯坦的著作等）、生物学的哲学（达尔文、海克尔著作等）、法律哲学、宗教哲学等。再进一步，不以一科学为限，举一切自然科学的理论，贯串起来。这是自然哲学（Naturphilosophie，例如 Schaller，Geschichte der Naturphilosophie von Bacon bis auf unsere zeit；Oswald，Vorlesungen über Naturphilosophie 等），再进一步，举自然科学与其他一切科学的理论统统贯串起来，如孔德的《实证哲学》（Philosophie de Positive）、斯宾塞尔之《综合哲学原理》（A System of Synthesis Philosophy）等，就是守定这个范围的。但是人类自有一种超乎实证的世界观与人生观的要求，不能对实证哲学而感为满足。又人类自有对于不可知而试为可知的要求，不能对不可知论而感为满足。于是更进一步为形而上学，即玄学（Mataphysik）。古代的玄学，是包含科学的对象，一切用演绎法来武断的。现代的玄学，是把可以归纳而得的学理都让给科学了。又根据这些归纳而得的学理，更进一步，到不能用归纳法的境界，用思索求出理论来；而所求出的理论，若演绎到实证界的对象，还是要与科学家所得的公理，不相冲突的。厉希脱说：“正确的判断，在思索与经验相应。”就是此意。所以专治一科学的人，说玄学为无用，不过自表他没有特别求智的欲望，可以听其自由。若是研究玄学的人，说玄学与科学可以不生关系，就不是现代玄学家的态度。

（四）哲学纲要的范围

特殊科学的哲学与自然哲学，都是综合哲学的一部分。我们现在要讲的，是合综合哲学与玄学两级而成。我们可以分作三部分来研究：一是专为真理而研究，大抵偏于世界观方面，名为理论的哲学，就是原理问题。一是为应用而研究，大抵偏于人生观方面，名为实际的哲学，就是价值问题。而对于此等所知各方面的研求是否确当，先要看能知一方面能力与方法是否可靠，所以不能不先考认识问题。

第二编　认识问题

（一）认识的起源

古来大思想家思考的结果，每与众人的常识不同，因而有知识与意见相反的结论。希腊哲学家于学问发达的初期，已经把理性、理想（理性的思维）、知觉作为相对立的。最彰明的，是柏拉图所说的想起。他说观念的观照，是超乎体魄的实在，而就是一种知觉。这种知觉是超世界的，与肉体的知觉根本上不同。希腊哲学家的心理说，常常以知性为受动性，有容受、感受等作用。当着他受取或映照真理的时候，精神上如能免掉一切固有活动的扰乱与牵掣，就可为认识本体的标准了。

这种心理说，正与素朴超绝论以模写说为真理概念的标准相合。然而他们有一部分，已把知觉概念修正了。他们虽然说心如蜡板，受外界各种印象以为知觉；然而照他们习用的把握、感知等语看起来，知觉的认识，自有意识上一种能动性，不容放过的。且古代"哲人"派的学说，已以一切知觉为由客观而之主观，又由主观而之客观之两种运动所成立。这就容易看出来，知觉是属于对象的影响，而精神上即有一种相应的反动。思惟是属于精神的自动，而对象能予以发展的机缘。于是乎发生一种问题，就是我们的知识，是从外界来的，还是从自己的精神上发生的？

这个问题的答案，或主张一切知识、都由外界的经验得来的，这是经验论。或主张一切由理性的思维起来的，这是惟理论。自近世哲学最初的世纪培根、笛卡儿以至 18 世纪末年的哲学运动，完全为经验论与惟理论争辨所充塞。其间导入认识论于近世哲学的，是洛克的学说，他承认经验有两种源头，一在内，一在外；一是反省自身作用而得的，一是用感官接触外界而得的。而他却排斥惟理论的"本有观念"说。用两种论调：一是说若观念是心的本质，就应凡人一样，然而不合于多数人意识活动的状况。一是说既视心的概念为意识为同一，即不容有无意识的本有观念存在。然而经验论亦不能不承认知觉所与的材料，待加工而后为认识。所以洛克也以为感官内容的发展，与内界知觉的被意识，均不可不借助于心的作用及能力。他对于认识上合理的要素，固已承认了。而他的后继者一部分，又以为内界知觉的发展，也不可不有外界知觉的预想，因而力主认识内容专属于外的知觉。若是把洛克所归功于心力的，都视为外的知觉所给予，那就转经验论而为感觉论，把一切认识内容，都认为发生于官能了。这种感觉论，是因意识内诸要素的并存，而演绎为认识上诸要素间所生的一切关系。无论何等关系，凡在诸要素间所能行与当行的，都是依属于要素的。果然，就不能不遭一种批难，例如最简单的关系，如比较、区别等，决不能从单个的或总数的要素上求出，而多分是特别新加的。

反对经验论的惟理论，欲以所受材料的综合、加工之关系，悉归诸精神作用，而且即以综合的形式为原始认识，即本有观念。文艺中兴时代的新柏拉图派与笛卡儿派均有此倾向。笛卡儿的哲学，本以本有观念为论理上直接自明的真理。而他的后继者却认为心理上发生的。于是意识的表象，不视为现实的，被予的，而认为潜在的，如来勃尼兹《人知新论》(Nouveaux Essais)所证明的“无意识的可能性”是了。于是经验论与惟理论，因两方间争点渐消，而互相接近。经验论者承认知觉材料，不能不有待于心力的加工，而后成为经验。惟理论者也承认关系形式，固然根于理性，而不能不以知觉为内容。来勃尼兹取近世经验论所反复声明“既不存于感官的，决不存于知力”的成语；

而加以“但知力自身除外”的但书，是说明他们结合之枢纽的。

心理上相反对的经验论与惟理论，若用论理的意义来考核他们相反的根柢，就容易明了。经验论所主张的，一切知识都从各别的经验得来；而惟理论所主张的，在从本原的普遍命题上求一切认识的根原。然我们的知识，决不止各别的经验；而绝无经验的普遍性，也是难以建设的。人类的认识，常常由各别与普遍的互相错综。在论理上，由各别的而升到普遍的，是后天论，是经验论所注重的。由普遍的而降到各别的，是先验论，是惟理论所注重的。经验论虽反对绝对的先验论，而不妨承认相对的先验论，因为彼既由特别的而求得普遍原则；那么就说先验的普遍原则,可以演绎到各别问题,也有可承认的理由。惟理论既由普遍的而进向各别的认识，则对于各别经验的要素，更不能不顾，尤为显然。

这样看来，经验论与惟理论的互相反对，都是从心象发生的一点来解释认识问题;都没有什么结果。有一个很明白的比例，我们若要定一种判决的是非，决不能但问这个判决是怎样来的。凭着心象发生的手续，决不足以判定这表象是否真理。心理主义偏重于心象成立的原因，实是幼稚的见解。自康德以后，在认识论上，不是判断作用生起的问题，而是判断论证的问题。不必随心理的法则而求事实关系，乃随论理的规范而求价值关系。不是认识的起原问题，而是认识的适当问题了。

（二）认识的适当

适当一语（Gelten），自洛采始用在认识论上。而从此以来，在现代论理学，特为重要。这个真理上的适当，与经验的意识无关。无论经验的主观认为真理与否，均可不顾，而有绝对的意义。譬如数学的真理，就在没有一个人想到以前，原是适当；就是有人误认为不合，也还是适当。这叫做自身适当，为现代论理学的主要问题。而适当与实在的关系，也因而密切。因为一切学问的思维，其最后问题，即在意识与实在的关系。真理的价值，须看意识与实在有何等关系而成立；而发见这种关系的，就是认识论的任务。所以在认识论上，要论认识，就同时不能不论实在。

应用于意识与实在间之范畴有多种，于是对此问题的解释，也有多种。有一种根本范畴，就是对于其他一切范畴与以一程度的标准者，就是“相等”的范畴。意识与实在虽互相对待，而内容可以相等。但有一种素朴实在论，所要求的实在概念，是在意识上模写“他实在”；所谓“他实在”者，不过是包围意识之物质的实在。这种不待考察与批判而就确定概念的，依康德的学说，名为认识论上的独断论。独断论有二：一是以世界为不外乎我们的知觉，是知觉的独断论（是即产生素朴实在论的世界观的）。一是以世界为不外乎我们概念的思惟，是概念的独断论。自认识问题起，而两种独断论都不能不动摇。因动摇而怀疑，因怀疑而研究，这是认识论初起时不能脱的阶段。停滞于怀疑的阶段,而不认研究的结果为可能的,是怀疑论。在“前科学”的思想上已有一种素朴怀疑论，常对于人类本质的有限与认识的有涯而抱憾。他所指的界限，全属于量的。就是我们的知识，凡是关乎体验的，总被拘于短小的时空以内。这种素朴怀疑论，固然与主张经验的知识者有相同处；而不同的一点，就是学问的认识，在于问题的可以解答；而怀疑论考察的结果，则不外乎否定。彼不认一切认识的存在,诚为极端怀疑论的短处;然而怀疑的思想，实为确立世界观时必然的经过点；而具一部分可以除最初的素朴见解，而立根柢的确信。

凡关于一事的解答，正负两种主张，势力相等，而不能为最后决定时，即成立问题的怀疑论，也名作问题论。由问题论的立足点出发，就有种种谨慎而不妄决的思想形式。理论上主张论据与反对论据均可采择的时候，意志常取需要希望倾向的态度，以助他最后的决定。于是因要求而成立臆测。这种要求，可以有各方面的，或属于个人，或属于团体，或属于理性。这种实际的决定，虽可以救怀疑的不快，而颇有陷于误谬的危险。这种危险，在人生实际上不能不决定取舍的时候，原为可恕，而决不可即以此实际的决定为认识。

哲学问题，觉得完全确实的解释，竟不可能；而又觉得一方面的解释，比其他方面确实的程度，较多一点，暂行采取，这是取盖然性的途径的，就名作盖然论（Probabilismus)。近世休谟的哲学，属于此类。

问题论的通性，是对于知识与实在的关系，不敢决定为“相等”。然最易倾向于“不相等”的主张。盖“不相等”虽若与“相等”为同一不易证明的程度；而心理的必然性（非论理的），对于“相等”的疑，最易转为对于“不相等”的信。此外助成“不相等”的意见尚有一端，就是常识上觉得自己意识与其他实在迥不相等。因而想人类知识，完全从毫无关系的“他实在”而来，而且所得的并不是实在的模写，而便是实在，这名作惟相论（Phänomenalismus）。惟相论的背景，还有素朴的超绝真理概念。因为以人类知识为不过现象不过表象的主张，实由有人类知力不能把捉本质的前提附属在内了。

惟相论的建设，也因知觉与概念的区别而演为两种：一是感觉的惟相论，以感觉的知识之内容为真。而以概念为不过表象或名义。其适当的范围，以意识为限。这种见解，由素朴实在论的常识，演而为中古时代的惟名论；又演而为近代的唯物论。一是合理的惟相论，是说一切感觉的表象，不过在意识中为实在的表象与现象，而实在就是概念。合理的惟相论，又分为两种形式：一是数学的，是一种自然科学的理论。他说事物的性质，都不过现象。惟有数量可计的性质，才是适当于真的。这种理论，随时代进行，渐以因果的范畴代相等的范畴；而以表象为实物及于意识的影响。意识内的表象，不是模写实在而是代表，犹如各种记号，代表他所记号的，所以也名作记号说。此说在古代以伊壁鸠鲁派为主；中古时代有屋干与名目论的论理学；近代有洛克与康地拉等继起；而最近的自然科学者用以建设哲学原理；以汉末呵兹为代表为最著。其他一派是本体论的形式，以概念的玄学为立足点。近于柏拉图的观念论。又如来勃尼兹的单原论，海巴脱的实在论。他说感觉世界全体，无论其性质是属于量的，或属于质的，或属于时间性及空间性的，都是“非物质的”或“超物质的”实体的现象。这种惟相论尤注重于意识内面的性质。以内外两种经验，在惟相论上，本不过同等的。在哲学史上常有由惟相论而转入惟心论玄学的。凡为一物而有所现，不但所为现的本体当然存在，就是所现的相，也不能不认为存在，这就是意识。这样，内的经验，一定比外的经验重要。外的经验，不过内的知觉全部以内的一部。意识与其各各状态，是原始的无疑的认为实在。于这个前提以下，对于外界的实在，经多少不确的推论，而始认为可信。于是认定一种意识的根本性质，或为智性，或为意志，作为适当于事物之真的本体；而外界全体，不过构成他的现象就是了。内经验的偏重，是一切新的玄学与认识论上很可注意的事实。

以内生活为重于物质的实在，于是在意识与物质的实在之间，不得不求一别种范畴而认内属的范畴（Inharenz）为适当。这种惟相论的玄学，以意识为实体；而意识的状态与活动，就是由外界的实在还元而来的观念与表象。这种现象的形式名为理论的惟我论（Theoretische Egoismus）。

以上各种理论，都是以假定精神与物质互相反对之旧观念为基本，而以物质为现象，以精神为被现之本质的。要超出这种范围，止有把精神与物质都看作现象；但这么一来，他们的背后就止剩了一个没有内容可规定而完全不可知的“物如”(Durgansich) 了。这是绝对惟相论 (Absolute Phanomenalismus)，后来也名作不可知论 (Agnostizismus)。他所认为本质的“物如”，既不能用外界现象，也不能用内界现象，又不能用内外两界相互的关系来理解他。所谓实在的现象，既分属于这两界而两界间永远互相关系的物质与精神，又说是同出于全不可知的“物如”，而不能加以说明。这样的“物如”，并没有解决一切问题的效用，不过假设的一种黑暗世界罢了。

现代又有绝对惟相论的一派，其动机在以“物如”的概念为不必要。他们以为本质与现象的关系，依原理本不好应用到实在与意识的关系上。意识与实在的关系，凡相等、因果、内属等等根本范畴，均不适用；而所余的止有“同一”的关系。就是一切实在都表现为意识。而一切意识，都是表现实在。这种意识一元论普通称为内在哲学 (Tmananeute Philosophie)，最近也称为新实在哲学 (Neue Wirklichkeitsphilosophie)。他是一种否定“物如”概念，不许于现象背后追求与现象相异的本质，而与实证论相近的哲学。然而这神哲学，既然有意识与实在为同一，对于知识的真伪，与他们价值的区别，要加以说明，是很难的。

照这样看来，种种学说，不过程度的差别；对于真理概念，都不能确实的规定。因而认识问题，仍不能解决，不能不别开一条解决的道路，那就是康德的“认识对象”的新概念了。

（三）认识的对象

前述一切认识论的思想，都是以超绝的真理概念之素朴假定为前提，而以认识的意识与所认识的对象“实在”为互相对待的。无论在意识上取入这个对象，或于意识上模写他，或以意识为记号而代表他，要不过以同一根本思想，由各别的形式而表现罢了。由这种根本思想而发展的各种学说，都注重在应用范畴以说明意识与实在的关系；而意识与其内容，一经玄学的区别以后，再要联合起来，竟不可能。要脱去素朴的前提而确立自由的认识论，当采取批判的方法。

我们在一切知识上，常遇着作用与内容的根本区别。照意识的体验，两者实为不可分离的结合，因没有全无内容的作用，也没有全无形式的内容。但意识作用，得于各各内容生种种相异的关系；而别一方面在同一关系上，得分别保含种种不同的内容。以意识作用与意识内容作完全独立的观察，则不能不想为意识作用以外，有独立于此作用以外的内容（如素朴实在论所用实在的概念，又如物如的概念。）而且不能不想此内容为非认识的关系而纯为对象。虽然，与意识全然无关系的实在，决非可以存想的。因为一想实在就被认识；就仍为意识内容了。所以到底认识的对象，除意识内容以外，竟没有可以表象的。

我们必须于素朴实在论的前提以外，把对象的概念，别行考定。这个概念，在康德的《纯粹理性批判》中首先提出的。

在意识自身，是由种种复杂的内容综合起来的。由这个综合而统一的意识对象始成立。此等被综合的分子，本稍有独立性而可以发展为表象的运动；而且此等分子，决非从统一中产生，而自为极大全量的实在之一部分。自彼等结合为统一的形式，而后成为意识的对象。因而对象不能在意识以外为实在，必在意识上内容各部分互相结合成统一的形式而后为实在。所以结局的问题，是在何种条件下，这种由复杂而合成统一的，始有认识的价值。因为我们所研究的，是人类的认识，所以我们的问题，是在何种条件下，这个在经验的意识上，由复杂而合成统一的对象，于个人或人类的表象运动上，始有意义。有意义的对象，一定是结合的方法，完全由于客观的要素自身，而对于一切个人之综合的方法，可以为规范的。惟有看诸要素为要素自身客观的关系，那才是人类概念上对象的认识。因而思惟的对象性，是客观的必然性。但是那一种要素是客观的必然性的，这是由思维之经验的运动而定的。认识的对象，照康德思想的倾向，在认识自身最初发生的，是“我们”自己。

在经验的意识，一切由实在要素所结合的群，均由于个人自身经验的自觉，而为实在之无限的全体之切断面。无论是物的概念，都不过在全体实在中选出最少小的；而一切意识与认识的对象由各个组成的，无论有何等多式的关系，决没有互相表象的。无论其为文明人成熟的意识，或科学概念，凡此等最高的理论意识，也决不能包括实在的全体。多式要素的综合，就在人类的意识，所以人类的认识，不能不受限制。在知觉上所得，本不过经验的意识所能感觉的一部分之选取。由知觉而概念，由概念而较高的概念，一切进行，无非割弃殊别的特征，而维持共通的特征。这种思维作用，论理学上名为抽象的。这种论证的结果，是由实在的不可忽视之多式中而取其有选择之价值的。在概念上有这一种把世界单纯化的作用，在人类有限的意识上，要支配自己的表象世界，算是惟一可能的方法了。

照这个意义，一般通用的，就是意识自身发生他的对象，又从实在的要素中发现内容，而形成自身的世界。我们愈见到这种认识就是实在的部分，而且是最有价值的部分，就愈知道认识自身不外乎诸要素的经过选择与整理而综合起来的。我们对于单纯知觉，已经名为对象。这决不能独立而为实在。我们的对象之成素，是由参入的诸要素与不能参入我们狭小意识范围内的他种无数关系组成的。照这种情形，我们自身，就成对象。他就是实在，不是不可知的物如之可知的现象，而是实在的一部分。他也是实在，而决不能当实在全体。不但成素，就是结合此等成素而为对象的形式，也根于实在。这样形式与内容，都属于实在；而经我们的选择与整理发生新状态，只是这个我们生出对象的一点，是我们认识的真理所存。而认识中生出这种对象的动作，也是有实在价值的创造物之一了。

我们看认识的本质，为自宇宙无限丰富内容中，行选择的综合，而创造一特有的世界，以为意识的对象，自然要考察到本质实现的各种形式。最初可分为“前科学”的认识与科学的认识两种。“前科学”的，是初步的素朴的认识活动，不过于无意识中产出的世界。到科学的认识，才是有意识的产出之对象；而这种产出的方式，又可分为由形式出发，与由内容出发之两种。由这两种而发生惟理的科学、与经验的科学之区别；而前者比后者觉得由综合而产出对象的特色，更为鲜明。属于惟理的科学的，第一是数学。在数学上，不是由意识受领对象，而是有意从内部产出的。关系此点，数与空间形式同样。经验是构成算术的或几何的概念之机缘；而此等概念，却不是经验的对象。数学的认识，于自然上有无与其内容相当的实物，毫无关系。于他的本质上，就直接指出认识的本质，因为无论其出于经验的原因，或感觉的想象，苟其为有意规定的反省而一度产生对象。例如圆，如三角，如对数，如积分等等，则由此而进行的一切认识，不能不为这种自己产出的对象所制约；而对象的真否，就依属于对象之客观的本质了。

数学以外，可认为惟理的科学的，是论理学。论理学之关系于思维的形式，正如数学之关系于直观的形式。论理学的自产对象，与思维依属于对象的关系，均与数学无异。我们对于数学的与论理学的形式之知识，所要求的适当，不但一度考察，而于科学概念确定以后，可以要求一切规范的意识之普遍的必然的承认；并且这等知识，对于事物全体的规定力，也认为适当。数与空间量的合法性，即代数与几何学的认识，既为物理学所证明；而且存在于科学所叙述的自然法之内。至于论理的形式之适当，对于我们有实在意义的程度，在于我们的世界除完全由此形式规定的以外，无可表象的一点而已。这么看来，数学与论理学，所有真的性质，并无区别；而两者均以实在的形式为限，不能由此形式而对于我们的认识，演绎为实在内容的规定，亦互相类似。于是实在之理论的数学形式，与实在之由此等形式而独立的内容，仍不能统一，而稽留于最后的二元性。要求统一，止有乞灵于普遍的实在之绝对的全体。而全体实在为我们所能求出的，不过科学的认识所特有之小部分而已。

经验的科学，也用他的方式表示人类认识之选择的特色。他与惟理科学的区别，在出发点不同；而经验科学中，又因认识目的之不同而自生差别。经验科学的一部分，以纯论理的价值（即普遍性）为认识目的。普遍的论理价值，在求得物与事之类的概念就是类型或法则。此等类型或法则，所以对于一切特殊事物，有实在的适当，因为事物与其互相关系的总和，就是自然。这是与宇宙有根本关系的。有一种科学活动，与自然研究对待，而以理解特殊的个性为目的。特殊个性，缺少论理的根本价值之普遍性，他所以得为认识的目的，因为有一种内在的价值。这种价值，属于人类所得的经验与所产的成效，就是文化。文化为人类历史的产品所结合，与自然的宇宙对待而为历史的宇宙。在这个历史的宇宙上，也是行普遍的合法性，也是全体实在的一部分，所以不能不受范于特殊隶属普遍之根本关系。关于历史的事变与历史的产物之研究，并不是以异于自然科学之方法论的与原理的研究为目的，而在乎以历史的连络关系求价值的实现。因自然科学仅注意于普遍性之论理的价值，而历史研究，遂含有别种价值的意义。然历史研究上的价值，又不在乎对象的道德化，而在乎对象自身于科学上显有价值的关系。所以古今一切事变，并不都是历史；历史之所以为文化科学的对象，是在无数事变中，把对于人生有重大价值的选择出来，而构成一种对象。这种选出来的，决不是原来的事实，而是从方法论的研究上，构成浑然的对象。所以经验科学乏自然的宇宙与历史的宇宙，都是科学的思维之新构成体。所谓真理，并不在乎与心以外之实在物相等，而在乎内容之属于绝对的实在，但又决非实在的全体，而特为人类知识上所窥见的一部分罢了。

科学经验的方式，既然用自然研究与文化研究之目的而分类，就与冯德所提出而现在最通行的自然科学与精神科学的分类法不相同了。自然科学与精神科学的分类，基于内外两种经验之心理的二元性，而实基于自然与精神对立的旧式玄学之二元性，照现代认识论的批判，这是无关于科学研究之对象的。现代认识论，由绝对实在之同一群中，取出以普遍的合法性为目的者，作为自然认识的对象；别一方面，就在取出以个性化的原理为目的者而形成历史的对象。以上两种分类法的不同，对于心理学，很有关系。现代形成心理学的任务，是由个人心理学的精神物理之基本研究，而达到社会心理学的复杂现象，历史上分别研究的界限，早已破除。然在个人心理学与社会心理学的中间而对于一切补助科学为根本前提的，是内感官的认识，就是意识的自觉。所以照主要材料的本性上看来，心理学应从法则科学的意义而属于自然研究。于文化科学中列入心理学，是按性格学的方法，而以对于单独的事变，或类型的构造，要求出心意个性时为范围。若照自然科学与精神科学的分类法，心理学仅能于精神科学方面保存狭隘的位置。人常说心理学是精神科学的基础，因为各种精神科学尤是历史科学，均是人类行为的过程而借以看出人类之意识的。然此等说明，于研究的事实上，没有何等关系。科学的心理学，研究普遍法则到极点，于历史研究上，也没有何等关系。大历史学家并不有待于今日精神物理学者的实验与审问；彼所用的心理学，是日常生活上普通人的心情与人生经验，与夫天才与诗人的洞察。以这种直觉的心理学构成科学，现在还没有能达到的。

常有人想按着科学的内容分类，就觉得科学的对象，不是可以这样单纯的取出，而是由科学的概念作用构成的。所以科学的区分不能照纯粹的科学对象，而止由科学的经验。我们若照各科学的实际工作上分成各部分，又把他集成各类，决不是适应于论理的区别，而是随各人的趣向，有倾向于自然科学的，就在类型与公则上注意；有倾向于历史研究的，就在各别价值上注意；常常是互相交叉的。这种要素，最微妙的连络，就在于特别价值上求出因果关系的机会。这种自然与文化研究的一致，就可以理会这两种都是世界最后价值研究所实现之合法的过程了。

虽然，就全体而言，认识论于承认特殊科学的自律性以外，已不能再有何等较远的进行了。在方法论上，人常常为寻求普遍法式以齐同一切特殊科学之意见所迷误。要知道科学对象的差别，就是因为整理对象的方法不能不有差别。认识论中，既然了解这种对象由科学思维之撰择而生起；断不至误认真理概念的要素，对于特殊科学，可以按科学的本性而规定；而且这种方向，也是给人类对于世界的思想，有取得各种形态的生动性，而不至局促于一种抽象的模型了。

第三编　原理问题

认识是能知方面的问题，他的对面是所知问题。哲学的所知是普遍的原理。对于各种经验而起“这究竟是什么”的疑问，是实在问题；又如起“这是什么样出来的”的疑问，是生成问题；今分别讨论如下。

（一）实在论

实在问题的起源，由于常识上虽即以经验所得为实在，而学者研究的结果，不得不做定一种较真的实在，而以经验所得的为现象，所以有真的实在与现象的实在之对立。这是对于实在概念作价值的区别，并不是以现象为虚无为假托，而视为第二次的实在，或第二种的实在，就是“单是现出来的实在”的意义。现今科学家以原子为真的实在，而我们知觉上的一切物象，均视为原子的现象，也是此意。

本质与现象的区别，起于哲学家在自己意识方面，发现思维与知觉的不同。彼以为哲学家任务在于知觉所给的现象以后，用理性的思想，求出真的实在，所以有后物理学（Methaphysik）的名词，就是我们译作玄学的。因此名物的本质为玄学的实在，而名现象为经验的实在。后来又参入认识论的色彩，应用绝对与相对的范畴；以本质为本自实在的而名为绝对的实在，或即名为绝对；以现象为系于真的实在而存立，所以名为相对的实在。

现象既不是真的实在，现象界所有的物，能不能看作实在呢？我们所名作“物”的，一定有什么性质，在什么地方，在什么时候，在常识看来，可算是我们意识以外独立的实物。其实不过是我们的感官领受种种的刺激，而总合他们的性质于意识中，构成一个统一的观念（现象）。这种统一的观念，叫作“物”。物的区别，就在乎他们性质的区别。所以别一个时候，见有同一性质的，就认为同物；性质不同的，就认为异物了。但是这个假定，于经验的实在上，觉得不合。我们常见一物，经若干时而性质有点改变，还是此物。又一方面，也常见完全同一性质的两物（例如同一工厂所出同一号码的缝针），所以物的自己同性的话，不是与他的“性质常同”相一致。有两种印象相似而不能认为物的同一性；又有两种印象相异而不能认为不是物的同一性。例如有两个台球，我们觉得是完全相等的。若把他们打碎了，觉得与从前的球完全是两物了。这种在我们的实际知觉上，不过印象的等与不等罢了。所以不管印象的相似不相似，对于印象而想定为物的自己同一性，这纯是我们概念的要求，为要深入事物而考察，所以作此理解事实的假定。怎么样可以证明这个要求，凡知觉在体验的现象物里面，果有实际同一物存在么？我们试取一片白垩而把他们打碎了。他本来有一种性质，可以与他物区别的。现在分一片为数片，并没有性质上的区别，不过形与量的区别。然而一物已成为数物了，这对于我们所期待的同一性什么样？反过来，如有许多铅屑，本不是一物，若加热而溶成铅块，形与量又成为一物了。又如望远丛林，浑成一体，近看起来，是树的集合。这种树，一看似是独体，而实由根干枝叶等各物组成，也不过如丛林的集合体。更取木片而投在火中，更散为无数琐碎的灰，我们更从何处求物的同一性呢？

这么看来，经验的“物”的概念，大部分是不过一时的，不能满足同一性的要求。这么样还有确定不动之物的概念么？实际上保有自己同一性的物果可认识么？于是为求确定之物的概念，不能不求标准于特殊科学的思维成哲学的思维。在经验界既求不到物的实在，那就不外乎求诸现象背后的一法。物理的探求既无所得，就不外乎用玄学探求的一法。这两法中的真理，就是对于现象物的实体。常识上对于物的诸性质，本不视为有同等的价值。我们求实体的思维，就从这种已知的事实入手。我们虽并没有明确的表示，而在习惯上，常于经验的物，作非本质性（偶然的特征）与本质性（本质的特征）的区别。前者虽变化消灭而物的同一性如故；后者一有变化消灭而物的同一性也跟着改变。我们对于物的区别，常常于不知不识间依内属的范畴，由多数性中选择要素，以结合统一而为物的概念。这不但行于常识之物的观念，就是科学与哲学的实体概念，也基本于选择。实体概念，由于本质性的迭次选择而达到，我们现在不能不一问选择的根据与权利。

我们第一要考察的就是在物的经验上同一性，所必不可缺的性质。我们第一遇着的是位置。例如方转的台球，在那里动与怎么样动，是同一重要的问题。这个印象上的空间关系，是知觉全体所不可缺，很明白了。然而并不是一切物都有这种位置的联带，例如植物的产地，动物的居所，虽于生活上很有关系，而不必计入本质性。

现在要讲到颜色了。设使我们把白球染成红色，是否同一物呢？我们一定不假思索而答应“是的”。这么看来，物的颜色，虽有催起快感与不快感的效力，而于物的本质性上，亦非必要。于是可认为本质性的，惟有材料与形式了。设使我们把台球磨成骰子形，就不能认为球了。又如把同式的象牙球来换他，也不能认为同一球了。这似乎形式与材料，同一重要。然使我们有一个用蜡团成或粉搓成的球，再团再搓，成为鸡卵形或骰子形，或其他种种的形，还是认为一块蜡或粉。这是形式又随便，而所余止有材料了。

但我们又转过来，例如河流的形式，大体不变，虽水量有增减，水色有清浊，而我们还认为同一物。又如有一手杖，用了多日，曾换过新柄，后来又换过金箍，后来又换过干子，几乎原来手杖的材料，渐次的全数换过了。然而还是这个手杖，这是与我们身体在生理学上所考察的一样。

然而以形的不变为构成同一性的公式，也不见可靠。凡有机物，时有形与量变化很多的。例如槲实与槲树，同一植物，若从他的发展过程之全部变化而断为同形，恐只有科学的考察而不是素朴的观照。又如有机物的同一性，虽于全体上割去一小部分，并无损碍，如断指、断臂等是。若断了头，似乎同一性消失了，然而蛙却无碍。这是生理上实测过的。这样看来，同一性存否的界限在那里？我们得为概念的规定如下：凡一物虽有几部分失去，而全体的连络统一，仍不受障害，仍得持续他的生命的，可认为与前同一的生物。这就是不专在形式，也不专在质料，而在生命的持续性。就是有机物只要生命连续；他的形与质虽有变换，不失为同一性。

我们还可以推广一点，即普通语言上不很愿意叫他作物的，例如人格的同一性，虽个人的意见、感情、信仰在生存间有多大变化，除了病的变化以外，总认为同一性。最后如国民与国家的统一，国民的内容，虽人数如何加减，时代如何推移，而国民的同一性如故；国家有历史的统一，虽经大变化，而国家的同一性如故。

这么看来，物的同一性，由于本质性概念的规定；而区别本质性与非本质性的选择原理，随立场与视点而不同。在特殊科学上，物理学、化学为一类，生物学、心理学为一类，历史学为一类。有三个要点，为选择本质性的标准，就是质料、形式、进化。这三点就是构成实体概念时所不可缺的标准。就是于变化的经验中求出不变化的实体的方法。这里面有时间的要素，就是不变化的对于变化的关系。在特殊科学上分为二道：一是导入普遍对于特殊之原有的关系；一是导入原因对于结果之构成的关系。

依第一思想倾向，凡是普遍而不变的，可以为真的实在。例如化学上的元素，自安纳撒齐拉斯，已有此明了观念。或如海巴脱所讲绝对的性质，乃至多数个体中所发见物质之类的概念，与柏拉图所提出的观念（Idea）相等。柏氏说美的物含有美的观念；物体的温或冷，是温或冷的观念来去的结果。这是以各个物象，均为现象的实在，不过因隶属于普遍的而分得一点性质。是以普遍统特别的普遍主义。

虽然，此等普遍的实体，如元素，如观念，不过变性之物的概念。这种变性之物的概念，与实在之物的性质，不能一致，所不待言。而且构成概念之抽象的过程，不能不屡作较高的比较与分解，以达于最后惟一之普遍的。所以化学元素，递次增加，而最后乃归宿于单一根本原素的假定。然类概念固不能不单一，而对于物的内属范畴的本意，所说结合复杂而为统一的，不能不渐次离远了。笛卡儿之延长的实体与意识的实体之概念，与海巴脱所主张有单一性质的实在，从根本上讲起来，已经是变性之物的概念了。这种不是物质与精神对待的普通观念，最后就归于“自然”。凡自然科学上普及的思想，都以为物质是带有普通的能力，元素，法则，以为真的实在；而一物个物，都不过一时现象。

有一种宗教感情，与这种玄学见解一致的，他以罪恶视个物，不认他们有何等存在的价值，而主张没入个体于全体的神。反对此等见解的，有一种价值感情，于个体上主张人格的意识，以自由与责任为原始感情的。又使我们姑除去感情而对于上述的普遍主义，尚有纯理论上重大的批准。普遍主义不能解决下列个体化的问题：怎么样由普遍实在产出特殊个体？为什么物的元素，在这个地方，在这个时候而以这种状态结合为个物？若说是这些物体，都是实在交代的产物，这交代从那里来的？在实在本质上，不能有这个交代他们说明的思维，不过由一个物而屡屡追溯到以前的个物，陷于无限的往复就是了。于是乎可以进行的，止有以最初存在的个物为真的实体了。而这种个体主义，从对于个物的思想，有不同的规定，而展为各种形式。

第一是德谟克利泰的元子论(Atomismus)。他所想到的个性，远多于现今的原子论。现今原子论，还是化学上分析的类概念，又用消极光把他分析了成为电子，这不过是回向普遍主义的一条较好的道路。德谟克利泰说原子的质料是相同的，而他们的量与形式各各不同，且各有相当的方向与速度，以行他固有的运动。文艺中兴时代的粒子论（Corpusculas Theoric）是继承他的理论的；然而在物理学、化学上竟不能成立。于是此等科学对于个体主义，不能不放弃了。

有借亚利士多德学说而以生物学维持个体主义的。亚氏曾用隐德来希（Entelechie）的概念，证明有机形体之个性的生命统一为真的实在。就是质料为要实现他的形相而发展为个物。这种用以发展的质料，在各别存在时，已有现为生活的实在之意义与价值了。这是最近于物的性之原本的范畴而历史的最可维持之物概念的一种。

玄学的个体主义之第三种，是来勃尼兹的单元论（Monodologie）。他以为万有由无数的单元成立。此等单元有同等的生命内容，以特殊的状态发展而生活。这些单元，都是世界的镜子，都能表象全宇宙，这就是一切事物的生命所以统一的关键。然而各单元与其他单元全为别物，因世界不容有两相等的实体。又一个单元与其他单元的表象内容并无区别；所区别的，是他们表现宇宙，清晰与分明的程度，随他们的个性而有差别。于是有疑点发生，这些单元怎么样互相映照？若每一单元，不过表象自己与其他单元，是我们所得到的不过互相对照的全统系，竟没有绝对的内容了。这就可以见普遍主义与个体主义的对待，一引入精神实体的形式，而遂为概念的难点所集注了。

缘这种概念的难点，而我们要用概念来规定个性，是事实上所不可能的。因为我们规定个性所用的性质，都是从特殊上抽出来的共通点，就是与别的个物相通的类概念。个物的特性，只有结合各种性质的方式。这种方式，必要用特殊的表现法，不能用具有普遍意义与他物同等相当的言语去表示他。所以个体不能用言语表示。个性不能以概念记载，只可感味。历史上的大人物，与不朽的艺术品，我们只能以内面的态度体味他。

个性与各个性间之关系与状态，决不能以概念完全理解他。而只得用美学的体验。

依纯理论的考察，普遍主义与个体主义的反对，直接由物的概念之构成上采出来的。我们用概念规定的物，本成立于普遍意义的诸种性质，以一物与诸他物区别的，全由于从无同样之结合性质的方式。普遍主义求真的实在于普遍的性质，而以特殊之结合性质而生的现象物为第二次实在。个体主义，以特殊结合的物为有价值的本质；而以所由构成之普遍的性质为第二次的实在交换而得的要素。所以关于实体问题，普遍主义，是与化学的机械的思想一致；个体主义，是与有机的思想一致；两思想的相违，由于物概念的结合上有不同的选择。

依第二思想倾向，常住的本质与变化的非本质之区别，有本原的与派生的之关系；或名为构成的特征与派生的特征；而往昔常区别为属性与式样。例如笛卡儿以物体的延长为属性，而其他一切状态，是由延长演出的。心的属性是意识，而精神活动及表象感情意欲等，都为意识的式样。式样常以一定的关系，与一定的条件，由属性产出，所以对于本质为相对的性质；而属性为物自体所借以构成的，所以为绝对的性质。物体之化学的本质，由实体的根本性质而成；色、臭、味等等，对于各个感官的关系而派生的，便是式样。我们人类的本质是性格，对此不变的本质而生出各个活动，行为的状态，这是派生的现象，而为本质的式样。

这区别若全是正当的意义，也以经验的认识之关系为限。

因此种区别，基于因果关系之事实的知识，而非关系于论理的形式，若再推到这个范围以上，就不得不陷于玄学的难点。属性与有这个属性之物的自身，不但我们言语上，就是思想上，也不能不有区别。以属性对物自身，便与式样对属性无异。语言中语词的判断，如“甲”是“乙”的一句话，并不说主词与语词一致。我们说糖是白的甜的，并不说糖就是白，就是甜，而说糖有白与甜的性质。物自身是不指一性质而为诸性质之所有者。洛克以实体为“诸性质之不可知的保持者”，就是这个意思。

以实体的不可知而主张不必考求的，不但现代的实证哲学，实自英国观念论者勃克来发起的。依勃氏意见，性质以外无物。例如有一颗樱桃，若把可视可触可臭可味的统统去掉，就没有什么了。他否定物体的实体，故所取的实体，不是感觉的集团，不过观念的一束，这就是他的哲学被名为观念论的缘故。在彼以观念为精神状态或活动，还没有否定观念的实体。到他的后继者休谟，又应用樱桃的理论到“我”上。“我”不过表象的一束。休谟在他的少作论文（Treatise）主张过，后来因招同国人反对，改作“研究”（Inquiry）的时候，就把这个主张删去了。照他的主张，实体的观念，可用联想律来说明他。实体不可知觉，不过基于同种观念屡屡结合的习惯而为想象的产物。

但我们取“我”的观念考一考，觉得自姓名、身体、职业、地位以至于内界的表象、思想、感情、欲求，用“我”的名统括起来。我们固然不能确说，在这些性质与状态以外，还有一个“我”在那里。然而对于休谟之“我不过观念一束”的学说，在我们人格感情上不能不反抗。而且这个反抗，除了感情要素以外，还有理论的要素。以诸性质的统一为“物”或“实在”的意义，决非指诸性质偶然的并列，而必为互相结合的。洛克说明范畴，谓是在意识上统属一切来会者之意义。这可以适用于一切的概念与实体的概念，就是诸性质的统属，决非并列而是结合的。

这种诸性质的统属，可有两种观察：一是全视为心理的（主观的）事实，不过借内属的范畴而实体化。一是以为若干范畴上，被表象的统一关系，适合于对象的，而有客观的意义，就有认识价值。后一说是康德用以反对休谟的。这两种观察，均不能于被统属的诸性质结合以外，别有所谓独立的实在。综合的统一，关于其形式，决不能为事实的规定。而一方面，这个形式，又不能实际的分离，而与由此形式所结合的种种要素之复合体相对立。所以实际之认识的工作，不能不由经验所示的诸种统一关系上，返求诸以本质的性质规定所存于知觉上一时的物观念的根柢所存之实体概念。而追求这实在之本质的要素，不可不有质与量的区别，即内容的性质与形式的规定之区别。

实在的量实在的量，可分为数与大两种：

以数论，我们所经验的现象物，数实无限。我们狭隘的意识，止能得他们一小部分的截断面。这些所经验的部分，不但依属于体验范围，而且在体验中的一部分，又因记忆所存的标准，而依属于统觉作用。精神上无意识的作用，既融合新旧，而产出普通的表象；而有意识的作用之认识，又把他们的特殊性质淘汰了，以行单一化而构为概念。这种概念上的单一化，在自然科学上取“类概念”的形式；在文化科学上取“全体直观”的形式，各依他们适应于认识目的之选择的原则，以抽象非本质的而达到概念上的单一化。若就统一一切存在物与一切生成事而言，就是自然的宇宙与历史的宇宙之意义。

对于“前科学”的思维中之物概念，与“前哲学”的即科学的思维中之多数的实体概念，而设定真的实体之惟一性，是一元论。这一派多以神为惟一真的实在之代表的名词。如希腊的安纳撒是特以万物最后的原理为无限的，而名为神的。近代哲学，如斯宾诺莎、费息脱、色林、黑格耳、西利马吉尔都沿用过的。这种一元论，对于种种现象物，并不视为冷固的，而以排外的状态相对；而以为相流通，相影响，相联合，相移变而互为亲密的关系。力学上以此种关系为一切原子，交互的引力。康德以人目与世界物体间媒介的光线，说明“实体交通”的意义。与古代斯多亚派“万物一致”的思想相近。而一物既能影响于一切物，结局就是一切，如安纳撒哥拉斯所主的“万物共存”说，尼哥拉斯、库沙奴的“万物遍在”说，都是一致的。于是乎一切是惟一的统一，一切是溶解于惟一的自然。只有这个是可以当“真的物”即“实体”之名。现象决不是真的实体，因为现象非同一性，而且不绝的生灭变化。现象不过是神性（真的实体）的变化无穷之式样。神是一。也是一切，因为一切式样都是属于神的。这一种形式的一元论，也名作泛神。而纯粹由这种思想建设的，是斯宾诺莎的学说。他以“神——自然”的思想为基本，以“多”为他的现象，以“一”为他的本质。而“多”与“一”之思想的关系，不外乎内属的范畴。神即原始物，有属性，又有限定属性而散为各个现象物的式样。例如一块蜡，他的可以膨涨的质量，是属性，他的变化无方的状态是式样。把这个关系应用到宇宙上，一切现象物的本质，仍是一，不过存在的状态各各不同。所以实体就是“神——自然”，而第二次实在之现象，不过是“一”之真的式样。

然这不过一个现象的“多”统属于实在的“一”之形式；而这个内属范畴以外,又有同等重要的因果范畴。应用这个范畴，那就“一”是原因,而“多”为随于这个原因的结果。神是能产者，世界由神所产的物而构成。神是本原的实体，而现象是派生的实体。

神的一与物的多之关系，从内属范畴，有泛神论；从因果范畴，有理神论（Deiotische oder teistischen form)。在第一式，神是原物；在第二式，神是原因。即内在性与超越性的区别。两式的共通点，是本质为惟一性的，不受何等制限，因而绝对的独立。至于多数的现象物，由我们经验上特定的内容互相制限，为有限的。

无制限就无可规定，如埃利亚学派之“有”的概念，以“有”为惟一而且单纯，排一切变化而且排一切的多，说“有”是不可以言表的。中世纪神秘派的柏拉丁以这个不可言表的为超越一切差别而有不可知性的单一的本质。后来的“消极神学”(Negativen theologie)，就说神是一切，他没有特殊点，所以无名。就说是“反对的统一”，因而超越现实界特定的内容互相区别的一切反对。于是所说“一切即一”，不但对于我们的思维，就他自身，必是无规定的。以无规定与无制限相合而为神之无穷的特征。

虽然，此等神秘说，虽受欢迎于宗教的感情，而不能满足知识的要求。我们的知性，要有区别，有规定，才能理解。若立一个毫无内容规定的单一实体概念，就难以说明那些表现多状的现象物。这难点最显的是埃利亚学派，他们立一而排多，且否定变化运动。于是“一”不能出自身以外，而多与变化都不能实现。这个“现”自何处来？怎么样来的？他们没有说明的方法。这个止能名作无宇宙论，就是这个现象的宇宙，在真的实体里面，就消灭了。不但埃利亚学派，就是后来的一元论，对于单纯本质发出复杂现象的问题，终是不能解决。

一元论不能更进，于是他的反对方面多元论起。海巴脱的反对一元论，最为扼要。他说若果以“一”为原理，将不能演出“多”与“生成变化”。多不是由一出，复杂不能由单纯出；在经验上的关系，就看出复杂的现象，都是每一物与其余多数的物相关系而成立的。一切物的性质，都是相对的意义，因为都是一物与他物的关系，从没有一物单从自身产出的。物理的性质，例如色，是与光的条件有关系的。心性的性质，如表象、感情、意志等的倾向，都是与一定的单独内容有关系的。而且对于生成问题，若说是从一物出来，就无从把捉，若是缺了与他物交代的关系，那就什么是开始，什么是趋向，什么是动作的对象，都无从想出了。每种动作，止能想作反动。推想全世界，是带着复杂性质的凡物，与他们彼此相应的效力，把无数物体间的关系，组成一个网的样子。

海巴脱氏既想定多数本原的实在，而以实际的生成变化，为由本质的无变化的多数之实在交互成立；以否定一元论生成变化由“一”开展的理论；又因一元论有以生成变化为实在往来的假定，而亦不能不立一种“起经验的空间”之概念，以供给实在运动之场所。这个概念，是从物理的事物之运动，结合及分离等所不能免除之“经验的直观的空间”之概念而来。关于这一点，看出多元论而说明现象的复杂变化，不能不有一种包括的统一。而这个空虚的空间，乃不能不承认为有，而与说实在无异。这是不行于多元论的。

一元论与多元论，均有不满足之点，不能不求一种结合一元、多元的系统。这一类是以来勃尼兹的单元论为最完全的形式。无内容而抽象的“一”，不能生“多”，散漫而没有余地的“多”，不能生“一”；“一”与“多”须不是派生的，而是本原的，才可以结合。于是由“一”的惟一性，单一性，而更加以统一性。我们的表象，状态，简单的知觉，抽象的概念，都是有复杂的内容，而以一种形式结合为不可分解的统一。康德于《纯粹理性批判》中，规定综合的原则：说不是由形式产内容，也不是由内容产形式，实以形式统一内容为一切意识的根本性质，就是受来勃尼兹学说影响的。单元论应用此思想于玄学，由部分对于全体的关系而加以部分等于全体的原理。宇宙复杂而统一，他的各部分等于全体及其他一切部分。这个“等”是相等性而不是一样性。一样性是一切原实体毫无质的区别，只以位置变化为区别，如近世原子论是。单元论，以一切实体（单元）各有一个与他实体相等的世界内容各以单一特殊的方式结合起来。这是一方面对于普遍主义与个体主义的要素，他方面对于一元论与多元论的要素，都是等分考察的。宇宙的同一生命内容，于他的各部分中各为特有的结合以成特殊的统一。一切这等部分，与全体及其他部分互相等，而又各有其独立的本质。相等性与统一性存乎内容；而差别性与复杂性存乎结合的方式。所以各部分均为具有特别形式与色彩的世界镜，而自为一小宇宙。近代思想家为洛采氏，于他的发表思想的著作，即以小宇宙（Mikrokosmus）为名，也是这个意思。

以大论，关于现象界的大，有空间的、时间的与强度的，都可用数的计量；在真的实体上就没有数量可计，而纯为概念上的解决。就是超越人类计量能力的实在，其全体是有限的抑无限的之问题。

古代哲学家以真的实在为最完全，为有限；而以第二次实在为未成的实在，为无限。后来受神秘派神学的影响，以神为无限的，于是对于人类，对于神，均以意志为最高的实在；以为知性有限而意志无限。绝对意志，就是神之无际限的万能力；而人类也得感有无制限的意欲。笛卡儿以意志之无规定性无限性为即无际限力，而为人类所具之神的要素。近世玄学家由此根本形式对立无限实体与有限实体时，以有限性为存于延长与意识，而以无际限的意志为精神的实体，即神的无限性之小影。我们习惯上常以神（即本质）为无限的，而以现象的事物为有限的。

在文艺中兴时代，虽有人主张万物无限，而神即宇宙，所以神之显现的方式，也一定无限的。然经尼哥拉斯、库沙奴的订正，就结束了。尼氏以为本质现象有价值的区别，万有的无限性，也不能与神的无限性同价。且谓无限性（infinitum）与无制限性（interminatium）有别。后来哲学家用积极的无限与消极的无限，或且用善的无限与恶的无限等名义。总之，神的无限性，是超越时间空间的意义；而世界的无限性，是于时间空间上无际限的意义。

至于时间与空间的无限性，于直接经验的意义上，本非经验的事实，固不待言；然而这个却是我们经验上一个自明的前提。我们每一个知觉，都带着有限之空间的大。空间的无限性，却无从经验；然而这种无从经验之空间的无限性，可以产出空间的统一性与惟一性，可以为各个知觉的理解在意识中发展之前提。

每瞬间知觉上空间的大，共属于同一的视界，或各种触觉转置于同一触觉的空间，这已经是空间统一性与惟一性的思想发展之初步。若眼的动作与触觉的动作共组一空间的表象，于是视觉的空间与触觉的空间一致。这个一致，是由经验而得的。若我们由彼而此，由昨而今，凡才起的空间经验，都举而移入于同一的全体空间，那就我们经验所得的，都为属于全体空间的部分。在共同生活上，我们各个人所体验的空间观念一致，共以这空间为同一无限的；因各个空间为知觉的人格所占有的，都失了中心点，所以空间是无限了。而每个人空间的经验，也就是无限空间的一部分。虽然，这个统一性与这个同一性，非直接经验，而是一种要求，大多数人，并不置此种意识中，而于现象间为共存、异处等规定时，要为必不可不预想之自明的根本前提。康德所说的空间直观的先验性，就是这个意思。这个先验性，并非如心理的先天性，设想取一无量大的箱子放在世间，把一切特殊物都装在箱里面是的；他是按一种事实，如我们讲到一种并列的物体，或讲到一所分界的空间，就不能不有一个前提，就是说这些空间都是无限空间的一部分。在玄学的要求，作统一世界想，就必有这个无限空间的前提。

上文所说空间性质，一部分是适当于时间的。时间的统一性与无限性，也不是直接经验而是一种客观的前提，以一切实物一切事故为同属一世界的。凡有各别的直接体验，都是许多分离的时间之大、与有穷的时间之关系。每个人各有他个人的（主观的）时间，由各别之意识状态的总和所成立。这等直接经验之时间的综合，就是惟一无限的时间；各个人所经验的一切时间之大与时间之关系，都是此无限时间的一部分。

但是时间直观与空间直观，也有根本上的区别。空间的统一，例如有一物体，由甲点移到乙点，二点间各点均不能不通过。这是连续推移的统一。而时间体验，在意识上，却为一种不连续的片段之作用。统一此段片作用而为共通的时间经过，必使时间得连续性的特色，与空间相类。现代柏格森氏以自然主义的心理学与玄学，均有根本谬见，起于时间的空间化，是很有意义的。

时间空间的区别，对于“空虚”观念的关系，也是一端。普通人以空虚的空间为理解运动的前提，虽为自然哲学者所否定，然可以有此表象；若空虚的时间，是不能表象的。

实在的质，现象的实在，以各具种种性质，得用为互相区别的标准。一方面此等性质，又自己不绝的变化；因此性质变化的事实，而实在之真的性质问题，遂不得不起。这个现实，在我们思维上，有以常住为本原的性质、以变化为派生的性质之习惯。经化学者修正，而幼稚之物的概念，代以元素的概念，还是基于这个动机。然也有同一的困难；由元素化合与结合而生的实物与所由组织的成分，全然性质不同，例如氢与氧以一定比例，化合而成水，水之物理学化学的性质，与所由组成的氢氧二素之性质完全不同。何故氢氧二素以一定分量结合，而能成此性质不同的水，无论何人，不能论证。除认为事实以外，没有别法。这种理解，想用一个原理来演绎，竟不可能。如结晶化、原子量、溶解点、电气作用等，都是这样。关于分子的构成，现代理论，也还不明了。现今就原理讲起来，比较恩比多立用地、气、火、水四元素来说明一切的时代，还没有什么进步。

但是回到化合之量的关系，仍有意义。关于此点，由物之质的差别而回到量的差别，为忠于研究自然的倾向。就是举所知觉的事物，就他们对于我们种种感官的关系，而说明相对的性质，也是这种倾向。例如色的感觉，无涉于目外的感官，于是乎凡有目所能感觉的，都作为色的性质，就是色属于目。其余声属于耳，臭属于鼻等等，也是这样。以物的性质依属于感官，普通名为“感官特殊的能力”。在古代，既于此等依属各感官之特殊性质以外，认物体之空间的形状、位置、运动等为一切感官共通的性质。此等性质，第一次的，固然止为视觉与触觉所介绍；而第二次的，就与其他诸感官的感觉结合起来。所以对此等性质，假定为一种共通感官的关系；而同时亦认为有一种实在的价值，在特殊感官的性质以上。因为认特殊感官的性质，不属于物自体的性质，而不过为物自体对于知觉意识表示的结果；这是洛克所以区别为第一性质与第二性质的理由。

这等见解既被公认，于是激刺的运动，与由此而开展的感觉之间，所有并行的关系，渐定为规则，而知识益益确定。例如声音与弦与空气振动数的关系，就是一端。这种自然不是概念的判断，而是事实的关系。凡性质依属于量的，都不是分析的、概念的，而是综合的、事实的。何故一秒间以太四百五十兆振动而现青色，没有人能证明理由的。然而事实上的关系，不失为自然科学世界观的基础。依这个见解，量的性质，是绝对的，属于第一次实在之本质，质的性质，是相对的，是第二次性质，而属于实在的现象。

对于意识的最后实在性质，也象外界的，用概念作为单一化，有主知的心理学，与主义〔意〕的心理学，互相对待。主知的以表象为意识的根本作用，而以感情与欲意为表象间紧张的关系，可以海巴脱为代表。主意的以意志为根本机能，而以表象为意志的客观化，可以叔本华为代表。调和这两种见解的，又有主情的心理学，以感情为根本，而以意志与表象为平均的潜伏在感情里面，以不断的关系，两方互相发展；这可以斯宾塞尔为代表。这一派的意见，不以知情意为三种分离的活动，而认为人生之本质与作用的三方面。这恐是最近于真理的。

近世心理学又有一种反主知论的理论，即以意志或感情为根本机能，而表象乃其结果；且又以根本机能为无意识的，但无意识是无从体验的情状，仅可为说明意识的假定，决不能用以解决意识问题。现代研究心意本质的，都以意识为包含感觉、判断、推理等作用，以及感动、选择、欲求等活动。此种意识，在常识上看为与实际表现分量的物质全然不同，于是有物体与精神、感觉的与非感觉的、物质的与非物质的等等异性质的标识。

但这等二种实在，有何等关系呢？在常识以此二元性为自明的事实，没有怀疑的余地；但科学的思维，尤是哲学的思维，以实在全体统一观的倾向，为一种根本动机；不能不循这种倾向而进行。进行的方法，或于两方中认一方为本质而以他方为依属的现象；或以两方共依属于第三者的本质。第一法中，或以物质为本而精神为属，是惟物论；或以精神为本而物质为属，是惟心论。

惟物论的动机，可别为二：一种是玄学的，以一切实在，都应存在于空间的。在素朴的思想，总以实在为即在空间占有地位的意义。所以精神的活动与状态，就是存在于我们的脑髓与神经系的。非物质的灵魂，也必在天上占有地位；鬼有住所，可以招致，且可以照相。宗教上的设想，以为神的超空间的性质，与神的遍在空间，没有矛盾。古代斯多亚派以实在与体魄为根本概念，常常互见。近代代表此派惟物论的是霍布士。彼以空间为实体之表象的形式，而哲学就是体魄论；自当包有人为的体魄，例如政府也是实在，因为占有空间的缘故。

又一种是人性论的（Authropologisch），以精神为附属于物质的。看我们精神状态，随男女、老少、健病与一切体魄的变迁，而随时均受限制。这是有机体合的活动的作用，并没有于肉体以外，再立“精神”的必要。这种思想，自17世纪以来，因反射运动的观察而确定。反射运动，不但为合的性的特征，兼及于顺应力及完成力。其始由笛卡儿一派，以反射运动说明动物的机械运动。后来拉美得里应用于人类，因而有“人类机械论”。19世纪法国的加伯尼与勃鲁舍，德国的伏脱与摩尔沙脱，都是这一派。

19世纪中段有福拔希结合以上两种动机，而建立辩证论的惟物论。他把黑格尔所说“自然是精神自身上离异的”一语转为“精神是自身上离异的”。19世纪的惟物论的著作，都作此想。一部分可以步息纳的“力与质”为代表，他部分可以都林的著作为代表，而斯托斯的“旧信仰与新信仰”是最称精博的。

较为高等的惟物论者为斯托斯等。仿用黑格尔“自然超越自身”的语风，而以心意的实在为物质，或物质作用之特别的一种，古代为德谟克利德，曾说精神是形体中最为精微的，由火的原子成立。法国惟物论者呵尔拜赫著《自然的体系》(System de lanature)，也以为普通人所说的精神动作，不过原子之微妙的、不可见的运动。现代阿斯凡德说意识如热电等，也是能力的一种。但是我们既然觉得心的实在与物的实在有根本的区别，而说甲是乙的一种，犹如说梨是苹果的一种，狗是猫的一种，殊不合理。若说心意状态是物质的结果，或是由物质上特别精妙组织而产生，也觉得不可通。因为物的实在状态是运动，心的实在状态是意识，依然是异质的。就使一方面推到极微妙，一方面化到极单纯，谋两方面的接近，而两方根本上的区别，还是没有除去。无论怎样微妙的运动，终还不是感觉。激刺与感觉的关系，志向与目的运动的关系，从经验的研究上可以看出两者有一种因果的关系。我们慎重的态度，不敢就说是因果关系，而仅仅说是不变的关系。然而我们无论在何种机会总不能说意识状态就是身体的运动状态。我们不能说两者是同性，至多说到他们有因果的共属关系。而此等一定的共属关系，也不过是经验的事实，而不是论理的分析之结果。在视觉神经的刺激状态，无论怎么样的取得物理学化学的定义，但他的伴以一定色彩感觉的理由，惟物论上还没有能证明的。

惟物论上既不能维持他们的意识与物质状态同一视之主张，于是转到反对方面的惟心论。最简单的是勃克莱的见解，说是物质界的存在，不外乎知觉。后来洛克所说的“物自体”，在勃氏号为“性质之不可知的实在之保持者”，例如樱姚，不外乎他的各种性质之总和。这等性质，就是意识的实体，就是精神之状态与活动。这种精神，不论是无限的属于神的，或是有限的，为我们所经验而得的，同是惟一的实在。别种惟心论，除神学的教义以外，可指数的，还有莱勃尼兹之单元论，费息脱之先验哲学的惟心论，黑格尔之辩证的玄学的惟心论，这些学说的区别，是对于根本的精神之实体，或说是各个的心的存在，或说是意识一般，或说是普遍的自我，或说是世界精神等等。又有以意志为真的实在，而以物质界为他的现象者，是叔本华等主意论的玄学。

这些惟心论的根本动机，是从奥古斯丁、笛卡儿起的。他们以为在我们的知识上，一切外界的材料，都是不确不定的；而我们精神的存在，自己的存在，是绝对不可疑而可信的。由这派演出的，无论是主知，是主意，都是以心意的实在之直接经验为本原的，而在玄学的理论上，就认为真的实在。

然而这种惟心论，也有与惟物论相等的难点。就是精神怎么样能转到完全不同的物质界观念？勃克莱说这种观念，是无限的神所给与有限的人类之精神的。然纯粹精神的神，何从得所谓物质之原型的观念？莱勃尼兹说是单元之最低度的意识状态，就是物质的状态。这也与惟物论者以感觉为物质最微妙等运动，同一不合论理。费息脱说感觉的内容，是“我”之无原因的自由所限定的。这也不过从空漠的“非我”来替代物质。黑格尔以精神自身他在而为自然，也与勃氏等见解同一空漠。

惟物、惟心两方面，均没有解决这个问题的希望，而二元论又不是科学的与哲学的思维所许，于是有建设“第三界”的思想。在斯宾诺莎的哲学，以实在的全体在事实上有两属性。近世哲学或以无意识的概念当第三界，如哈脱曼的无意识哲学，就是渡到无意识的一元论的。

现代的一元论，以物质与意识之二属性，不是静的并列，而存于动的生成之过程。各个现象的生成，二属性必同时伴起，惟以一系列为主而他系列为副。而近日最通行之一元论，乃以物质为根本实在，而以意识为依属于他的现象。这不过是假装的惟物论。而于是实在论，遂不得不移入生成论。

（二）生成论

实在问题，以物体为中心；生成问题，以事变为中心。事变有位置变化（即运动）与性质变化两种。但一说变化，常不免倾向于不变而常存的感想。于是或回向物性问题，或归宿于统一各种变化的主体。

每种事变，至少有两个状态，依时间前后而联结。没有时间的要素，就不能存想事变。正如因果关系上去掉时间的要素，就不是实际上的因果，而是论理学上的理由与结论。假如斯宾诺莎说神的无限本质上，事物与法式必然的永久的联带而来，这很象说三角形的本质上，内角之和等于两直角的条件必然的永久的联带而来。不过论理的数学的关系，而不必是事实的关系。

但是事变的概念，也不能单以时间的系列为满足。例如我们在一间屋子里面，初闻人语，后来又闻开车的汽笛，这两种声音，是时间上有系列的关系，然而不能联成一个事变，因为他们没有事实的联络，所以不能把复杂的成为统一，我们若问怎样可得到统一？可以两种条件为答案：一是属于同一物的事变，例如甲物有子丑两种状态依时间前后系例，就是由一种状态推移到别种状态，这名作内在的事变。这种事变，在意识上表象与表象，情意变动与情意变动，都有前后系列的状态。在物体上也有这种现象，就是凭着惰性所给的方向与速度而前进。一是异物间的关系。例如甲物若有子的状态，乙物就有丑的状态，依时间的系列而出现，这名作跳越的事变。这种事变，在两人以上此心与彼心间固可直接经验，而心与心的交通，不能不借肉体的媒介，所以得象想两种跳越的事变。一是两物体间所行之物理的事变。一是心与肉体，或肉体与心之间所行，如普通人所想定之精神物理的事变。这种事变上，凡有构成事变的诸状态，于时间的继起上有必然的结合。

这种必然的关系，在时间本质上，可有两种互相反对的方向，就是以时间为线状而取他的一点作出发点，可有前后两方向，即过去与未来。第一，甲若存在，乙就随伴而来；是甲为原因，乙为结果。第二，若要有乙，必先有甲；是乙为目的。甲为手段，就是事变的要素上所具之必然性，或为结果性，或为必要性；而他们的依属关系，或为因果律的，或为目的观的。

因果关系　因果关系，可别为四种根本形式。

第一，一物为因，他物为果。这怕是因果关系应用上最根本的形式。他的意义，是由原事物而产生一个新事物，在有机界最为显著。例如植物能开花，能结果；母体能产卵或产胎儿等类。但依科学的观察，这种意义，止能适用于现象界的事物，而不能推用到本体。止有宗教性的玄学，用以说一切事物最后的原因。如笛卡儿说无限实体造有限实体；莱勃尼兹说中央单元造一切特殊单元等。

第二，物为原因，而物的状态与活动为结果。例如人类为种种行为的原因，心为种种意识作用的原因，物体为种种运动的原因。照此意义，实以物有能力，故能生种种状态。在内界，有意志为决断的原因，有悟性为意见等原因；在外界，有惰性或有机的生活力，为运动的原因。就是以物的属性（力）为一切特殊作用的原因。但是特殊作用的活动，不能专属于力，还要有一种适于活动的机会，因而有能动的原因与机会的原因之区别。所以照此说，我们可认为原因的有三方面：或是能力的，或是机会的，或是兼具能力的与机会的。

第三，与前说倒转而以状态与活动为事物的原因，例如先有建筑，始有家室等。在康德与从他而起的哲学家，都有这种动的自然观。尤是色林的自然哲学，以引力与抵力为物体所由生。费息脱一派，也以行动为最初，而实体是他的最早之产品。他所说的“我”，并不是固定的原素，而是一切表象、情感、意欲等等动力之有机的综合。即如现代自然哲学上的能力论（Energetik），也不外乎以动力解决原子的问题。

第四，于各种状态间，以一为原因而他为结果。这可别为内在的原因与跳越的原因。在心意上，由知觉而生记忆，由目的之意欲而生手段之意欲，由理由之知识而生结论之知识，这都是内在的。在物理上，如有机界，以消化为制造血液的原因，以末梢神经刺激为脑中枢刺激的原因，也是内在的。但是纯粹的物理界多属于跳越的原因。或由一支体到他支体，或由一原子到他原子，都是跳越的。这一说是四说中最简单的，例如运动，推动的物体是原因，被推动的是结果，从盖律雷以来，凡研究自然哲学的，都以这种因果说为标准。

这四种差别的由来，不外乎同一事实，可以由各方面观察；而且在原因复杂的情形上，那个是主因，那个是副因，也可以有不同的观察。因果间量的关系之别，也是这样。笛卡尔说原因至少含有与结果同等的实在性。力学上因与果有相等性的原理，自盖律雷以来，公认为真理。然也有人说，日常生活上，有以微因生大果的，有以极大动力之装置而得微细之结果的。就这种量的不同之观察，也可以悟因果说所以不同的理由了。要之，因果范畴，是一时应用的形式，若要求事变之真的科学的概念，还在形式以后。

凡是一个事变被别的事变所规定的，就名作必然性。在跳越的事变上最简明表示的，是甲的运动，推移到乙，成乙的运动。由甲乙两物的运动而成一事变，物体虽异，运动惟一；他的后面，就有世界自己同一性的假定。不问现象上有何等变化交代，而世界常同一。不但指不生不灭的实体，而且于现象的事物上所造成事变的运动，也视为同一。凡有我们叫作结果的新运动，都不外乎叫作原因的旧运动。凡有说因果要求与因果原理的，都含有这种同一性的假定。这种同一性的假定，在时间上的追溯与预订，都可适用。例如我们有一个新的体验，我们就要问问这是从那里来的？这就是预想：怕是从前在一种地方曾经有过的。随后又要问问他将往那里去？他将变作怎样？这就是预想：他不能从此就消灭了。这种意义，在机械的因果说上，竟可以说：原因是结果以前实物的状况，结果是原因以后实物的状况。就是能力恒存的原理。所以世界无所谓“新”，一看是新的，其实不外乎旧的。

然而因果间同一性的假定，不过对外界印象时，我们知性的一种要求，与一个前提。若在我们日常生活上，与特殊知识上所认的各个因果关系，与科学上所见的各个因果法，觉得事变上综合的联结之诸状态，大部分，自始至终的过程，不是互相类似的。除了一物体运动推移到他物体，算最为类似外，余如化学的变化，电机的摩擦；或别种过程，如以电光为雷鸣的原因，以日光为冰融与花开的原因，以举杖为犬走的原因等，因果间都不是同一的。因果间差违愈大，两事间因果关系就愈不可解。

关于这种不可解性的论著很多，他们根本意义，就是说：在论理的分析上，决不能寻出由原因构成结果，与由结果发见原因的特点。然而也有主张两者的关系，全然与动及反动，压力及反压力的关系一样，由一方变到他方，毫没有所谓不可思议的。机械的各部分，传运动于他部分，可以由各个的基本过程分解；应用这种方法，把异质的因果关系，分解作等质的单纯因果关系，就容易了解。自然科学上对于物界的一切事变，都用机械的说明，例如热是分子的运动，电与光是以太的振动等，理解的要求，产出同一性的根本假定。物界的现象，既以分解为单纯形式，而得理解因果的性质，推到有机界，也用机械的理解；推到心理界，也可分解为基本作用，以理解他的因果过程了。

笛卡儿派对于异质因果的不可解，以为物心两方面的理解，都不成问题；而不可理解的，是精神物理的事变。到葛令克始推广到全部。以为一方的内容，决不是存在他方的内容。所以原因与结果，不能有论理的关系。就是由一物体传运动于他物体，也是不可理解的。何故一种状态，在事实上必然的有全不同的状态，与他联带而来？不管是异质的或同质的，决不能求出论理的理解。所以不独跳越的事实，就是内在的事变，也是不可解的。总之，因果关系，完全是综合的，不能为论理的了解。所以作因果关键的同一性假定，也就不能为合理的了解。

我们实际的体验，常由思维而加以合理的要素。若除去这种要素，那么，实际体验的内容，所余存的，不过时间的关系了。我们的知觉，有前后关系么？有要求因果关系的解释之权利么？这是一个疑问。我们不觉得时间继起能造结果，正如我们觉得“物”是一种联合诸性质的结纽。所以因果关系，不能为合理的认识，也不能为经验的认识，因而因果关系无从认识的结论就起了。

一个结果，所联带而来的，常有许多的时间继起。我们不过于其中选取几个时间继起，要求因果关系的权利，且亦仅仅对此关系上承认必然性的特色，是无可疑的。但此种事实，可以由各方面作不同的解释。而我们因果观念上所含的要素，也可以互相差异。就中如休谟的见解，因果关系，不是合理的与经验的所给与，所以不是分析的感觉的所能理解。他的起源，实在于屡次同种继起之内的经验。甲表象后有乙表象，屡见而成习惯；由这种习惯而甲乙间联想容易推移，于是感有甲观念起而乙观念不得不随之而起的约束。这种约束的感想，是因果关系必然性的起源。这个关系，不是专在甲的观念与乙的观念之间，而竟觉得在甲物与乙物间了。所以我们在实际经验上，一观念起时，必然的他观念随之而起。于是乎我们内界有一种动作的体验，就是在时间上规定原因与结果。这种动作的体验，从休谟提出后，后来的哲学家又附加以他种的体验。凡人在记忆上想起一事，实际上是从寻求而起。这是用我的意志作表象的原因，我并不知道意志是怎样做到的，然而我们所体验的，有这种动作的事实。又如我要举臂，就举起来了，我并不知道为什么要举就举，然而我所体验的，有这种事实。在别种方面，依我的意志，发起一种冲突，一部分在我的支体上，一部分在对象上，我并不知道这种冲突有什么别种原因，然而我体验着，有这个事实。照这两种情形，我觉得在动作的体验上，有由原因生结果的必然性之感情。这就是力的概念之起源。在外界经验上，以力为运动的原因，不过用内经验来解释外经验。严格说起来，外经验所给我们的，不过事实的时间继起。所以德国基希呵甫与马赫的实证哲学，主张物质科一次的或一般的时间继起之事实为限，而不参以力与动作的概念。

然而也有一种主张，与此说对待，而以必然性为因果关系上决定的要素。因为止有这个必然性，能把事变上种种要素统一起来。而且也止有必然性，始能在许多时间继起中，取出有关原因的几件。这个必然性，固然是心理上动作的感情，然而论理上也可适用，就在时间继起的普遍性上。甲如来，必有乙随之而来的主张，就是甲乙二要素间有事实的、一义的结合之意义。这种结合，是不问甲在何处出现，或以何式出现。总之，一有甲，就必有甲的结果乙随之而来，这是论理的条件。在这种因果必然性的意义上，是无论甲的出现是一次，或多次，都没有关系。有人说，因果关系之仅现一次而不能再见的，不能纳入论理的因果式，是不可通的。因果必然性的主张，含有甲再来时乙必随之而来的假定。即因果关系，有一种时间继起的特质，在一般时间继起中以特殊情形而出现。所以各个过程的必然性，实为普遍性所规定，就是由时间继起的规则而规定。康德的因果关系定义“一物在时间上，依一般规则，而规定他物的存在”；也是这种意义。这个普遍，就是联合因果两要素而成统一的事变之结纽了。这种规则，我们就叫作法则。于是每种因果的断定，都得指示普遍妥当的因果法。因为有这种连络关系，所以一切事变必有原因的原理，遂取得自然合法性的原理之形式。

由这种法则的概念，可以知道特殊的对于普遍的，有依属关系，是论理方式。这种方式，可以替代劳无功的分析法。一般的综合，是事变的要素必然性的本质。所以因果范畴，有两种要素的结合：一是个人内界之动作的体验；一是特殊依属于普遍之论理的前提。日常生活的因果观，常偏重前者；各科学的因果观，常偏重后者。

机械观与目的观前文概论事变，曾说一义的时间继起，有以起初规定终结的，也有以终结规定起初的。于是必然性中，可有结果性与要求性两种。在第一种上，有了甲，必更有乙。在第二种上，要有乙，先必有甲。但乙的由来，并不限定一甲，也可以由丙或丁……等等。例如运动，有由于冲撞的，有由于压抑的，有由于热力的，有由于磁性的，有由于达一种作用的。这种事实的依属，都没有违异于论理的依属。在论理上从理由得结论，是常常确定；从结论由理由，就不能一定；因为同一结论，可以得种种理由。我们从此可以引到自然法逆转问题。我们可以说，有同一原因，必能生同一结果；然而同一结果，是否必出于同一原因，便是问题了。所谓同一结果常有同一原因的假定，是自然合法性之原理的要素，而为归纳法的思想与推论之前提，所以于事变之最普遍的形式与我们最复杂的经验上固为适用。然而此种可以逆转的关系，究不过日常生活的语调；而在特别研究上，就不能一样。总之，在物理学、化学范围，可说是机械的；而在生物学范围，可说是目的观的。在一方面，例如氧与氢为二与一比例而结合，可以成水。于是要成水的，就不可不取氧与氢按照二与一之比例来化合。在别一方面，例如有机物为要有各种光的感觉，就不可不具有眼的一种感官。于是有一种机械观上所不适用的语气，就是用“止”字来形容因果律的转换。在有机论上，可以说“止”有在适中的气候上，有机物可以生存；就是为有机物的生存计，必需适中的气候之意义。

有机物的生活与形体，由他的一定机关与一定机能而后可能；然此等一定的机关与机能，又必在有机体而始可能。就是形造结果的全体，规定他必要的部分；部分是“止”于全体上存在；全体是“止”由部分而可能。时辰表是由先已成立的机轮等所组成；而有机体的各部分是他所自产，所以组立全体的根本形式有二，即机械的全体与有机的全体。前者部分先全体而成立，全体“止”由部分而可能。有机的全体，就不是这样，他的部分受全体的约束，待全体而始可能。所以有机的生成，乃所谓结果的终局，受初始所规定的，这就是目的观的说法。

向来天文学上习用“合目的性”语，希腊哲学家恩比多立已经用在有机物生活上；近来又应用在达尔文的适者生存的进化论。因而人人以为目的观的问题可用机械论解决了。然而我们不可为术语所欺。试问照此意义，所谓合目的性，是怎么样？由天文学观察，所谓合目的性不过能继续维持秩序。由生物学的进化论观察，所谓合目的性，不过保持自己与后代的生命，就是有生存能力者生存。有生存能力者生存，是自明的事；或想对于适者而加以一种意义，就是价值概念。这个价值概念，与一切无关生存能力的观念或目的等等理想相对，而为一种实在的意义。而普通对于有生存能力者生存，用广义的合目的性，包含机械的发达之产物，与生存上自然淘汰的事实来证明他。然由事实上考起来，价值概念上合目的性，与生物学上生存能力的合目的性，并不完全一致。例如猛兽毒虫的生存，在生存能力方面，不能不认为必然性，而价值不免缺如。所以适者生存的价值，也不过供自然主义的乐天观者之惊叹罢了。

这些不一致的意见，大部分是因一词而有多义的缘故。就是“进化”一词，也有很相近的两义：一方面是自然法则上，全不含价值关系的；又一方面，是人类体验上，参加以价值关系的。例如由星云而进化为天文系，这不过由简单而进为复杂的过程罢了。然而普通思想，就参以愈简单的价值愈低、愈复杂的价值愈高的解释。斯宾塞尔的进化论，就完全以这个作根据的。

目的观有真伪两种：真的目的观，有一种目的，就是未来的实物，能于实现以前，规定实现上所必要的手段。伪的目的观，仅有一种意向，是结果以前诸原因中一因，就是以未来观念为目标，而成立意志活动的。用人类意向的目的观，推到自然法，于是不得不归于神的志向，因而神的意向之目的观与真的目的观混同。然而自然过程上，与意向的目的观可以证合的实不过一部分，因而激起辨神论问题，仍不能不转入于目的活动与自然必至两方面之异同而引入二元论。

精神物理的事变　哲学上所以常常引入物心对待的二元论

之故，实因物的事变与心的事变之间，常相违异；欲得两方结合的可能性，而互相推移，是一个至难的问题。

这两种事变，有各种差别点：

第一，是连续性的差别。物的事变是运动，运动是空间上位置的改变，常相连续。例如由甲点行至乙点，两点间的空间，没有不通过的。心的事变就不是这样。各种意识作用，虽相继而起，却并不互相连续，并没有渐次推移的痕迹。例如听言语时，一声以后，又有他声，各有独立的性质；并不像球类的由右而左，必要通过中间。

第二，是常暂的差别。由可见的物体以至原子，凡在空间运动的，都只有外的变动，而物体内容依然如故，且他的事变，随着运动的过程而消失。心的事变，是集表象、感情、意欲以为统觉，常随事变的过程而集积，乃可以常常体验的。不但个人，即文化发展的全体，能常存不灭的，都是事变的产品。

第三，是进行性质的差别。物体的进行，完全是依属于位置之空间的关系，无论是化学的物理的以至于有机的，凡所说静止与运动，都以位置的有无变动而定。心的事变，是有一种前后相贯的意义，毫不涉空间关系的。例如梦的联想有类似与对照；判断上有各表象之事实的连络，意欲上有以何种手段达到目的之关系，都是与物体的仅仅变易位置不同的。

第四，是两方由简单而复杂时结合方法的不同。在物质界，力的合成，就以“力的平行四边形”为根本式；当合成以后，单纯的初式，就不可复见。心的事变，在复杂状态中，所集合的成份，仍不失其特性；不过有一种统一的形式罢了。这一点恐是物的事变与心的事变最主要的差别了。

物与心的事变，既有显著的差别，物心间相互的关系，遂愈难理解，于是精神物理的因果关系，遂为一大问题。在笛卡儿一派，已说因果关系，在意识与物理，画然两界。近来最通行的为精神物理的并行论。这一派的见解，是说物心两界，并不互相为影响，而两界的事变，无论何等阶段，常有一义而并行的关系。由同一根本实在，而一致的分现于两界。于是所谓精神物理的因果关系，不过此界状态与彼界常相对应罢了。

说明这个并行论的，以“能力恒存则”为最广。然照科学上“能力恒存则”考核起来，仍不能说明精神物理的因果关系。因为照“能力恒存则”的原理，在物的实在之全体上自成统一；由运动能力与位置能力的分配而定运动的方向与强度，是用机械的法则支配的。若说物理的运动，还别有一种精神的能力作主动，就是破坏物理界“能力恒存则”了。于是应用“能力恒存则”于物理精神学的，变而为意识界有一种特别的能力，感觉神经运动为意识，就是心意的能力；最后由意向而再变为运动，正如物界之运动变热而热又变为运动相对应。但是这种解说，在“能力”一词上，又添了几种非科学的意义；心的机能，与科学上“能力恒存则”的能力，并不能一致。所以精神物理的因果关系，尚不过得到几种幼稚的假定罢了。

第四编 价值问题

（一）价值

理论与价值，同有可定与否定的形式，而范围不同。例如说“此物是白的”，或说“此物是好的”，文法上形式虽同，而上句是事实的判断，下句是价值的判断。事实判断上，宾词就是主词的性质。价值判断上，在幼稚的思想，也以为“善”、“美”等词，与其他附属于主词的诸性质一样。细考一回，就可知道价值判断的宾词，决不是一物自身的性质，与专属自身的关系，而是由价值意识上发生的，但价值判断，也有普遍的妥当性，与事实判断一样。在各个经验意识，以自己价值评判为适于普遍，似是当然的事；然经验稍富，而这种自信的成见，就被破除。所以价值判断，实为人生的一问题，也就是哲学的一问题了。

价值的概念，或以满足要求为定义；或以惹起快感为定义。一方是以意志包感情，为主意论的心理学所主张；而他方以感情包意志，为主情论的心理学所主张。主情论以感情为心意的根本作用，因而说思维与意欲，均由这个根本作用派生的。而主意论又说快感是意欲上满足的状况，不快感是不满足的状况。在有意识的意欲，固然很觉得清楚，就是无意识的意欲，也是这样，例如饥了就不快，饱了就快。但是在基本感情上，如色、声、臭味等等，往往显出不从意欲派生的反证；而且人类有一种反对意欲的感情，尤其不是主意论所能说明的。至于主情论的说明，本为快乐主义与功利主义的理论所自出，以为一切意欲，没有不从快与不快的感情之体验而养成的。然而有一种反证，就是本能，这是一种基本意欲，并不经何等快乐的经验而早已实现的。且我们的行为，也往往有明知不快的经验而毅然进行的，或者以此种本能归于无意识的本原，说是由遗传而得，可以得较大的快乐。然而无论如何，在个人固有不顾将来之快与不快而有一种原本的意欲，是不能反对的事实了。总之，一切感情，均出于意欲，或一切意欲均出于感情，现在还没有定论；感情评价与意欲评价，常为交互关系，是很明了的。

两种评价的交互推移，最显著的，是接触联想的关系。请举两例：其一，心理上爱钱的说明，最初的时候，也不过视同纸片；后来屡次靠他来满足各种要求，就渐渐儿爱他了。其二，利用爱褒赏与畏刑罚的心理，而施行教育。教育的力量，能叫人爱他所本恶的，而恶他所本爱的。照这种价值转换的心理看来，若取各个评价之心理发生的起源，来作价值论的标准，是不可能的了。

在幼稚时代，往往以自己的感情与意志推论到他人。稍积经验，这种推想，就不免动摇；很信有自己觉得可快，而他人认为不快的，自己认为有利，而他人认为有害的。然则洞察人情以后，又觉得善恶美丑，并不是没有共同评价的关系。例如风习，就是与各人的评价相对待，而作他的标准。各人都肯舍弃他个性的评价而服从风习，这就是良心之心理的本质。良心就是在个人意识上的全体意识之言语。然而风习也不过事实。风习对于个人评价的优越点也不过事实上多数人所承认，有量的优越罢了。风习的评价，也与个人评价一样，有时也不免迷误。所以我们的良心上，在事实的个人意识与事实的全体意识相为关系之第一形式，尚不能为最后的决定，更要进一步考察。

于是达到哲学的价值论之根本问题了。价值的意义，不外乎满足要求与惹起快感，所以价值并不是对象的性质，而仅于意欲上有要求时，与感情上受外界影响时，对于评价的意识，有价值的关系。倘若没有这种意欲感情，就说不到价值。于个人评价以上，有表示全体意识的评价之风习，就是新生的价值。但这种价值，照历史的及人类学的观察，各国民各时代的差违，也与各人评价的不同一样；若对于种种国民，种种时代，而判决他们道德与趣味的高下，于何处得最后的价值标准呢？超越个人评价与诸国民风习的相对性而求绝对价值，就是超越一切历史的形成之诸价值，而求此等价值所由形成之规范的意识，这就是伦理学与算学的问题。

（二）伦理

伦理学的价值，在乎行为的目的，就是行为的原理。所以伦理学所研究的，就是人类意欲，当以何为目的之问题。在人类生活上为道德的行为之主体的，一方面在个人，一方面在社会，又一方面在历史的发达之人类。所以实际哲学的伦理学，有三部分：其一，个人道德论；其二，社会论；其三，历史哲学。

道德的原理　就道德原理上，可以有四种观察法：第一，是要确定一种概念，什么是道德？什么是善，应当是认；什么是恶，应当否认？对于各别的义务与道德法，果有一种普遍的统一的规则，可以统括他们么？对于一切事情与机会，果有决定道德命令的标准么？照这个意义，是注重在道德内容之原理。第二，是问：怎么能认识道德法，把普遍的应用在特别上？怎么能认识那常识所说的良心？在这种意义上，道德原理，是指我们知识上认识道德法的根源。第三，道德法是一种命令与要求，与人类意志之自然的冲动与运动相对待，为什么有这个权利？他的要求的根据在那里？照这种意义，道德原理，是道德法的可认性。第四，既然承认人类自然的意欲与道德法的要求互相对待，就不能不推寻到根本上，为什么人类要反抗自己的意志而从道德法？随人类良心的要求与他们自然的本质相差益远，而人类自己觉得自然的本质，是不合于道德的，或竟是个道德的；尤感着为什么有这种反对方面的要求之问题，是不可不解决的。照这种意义，道德原理，是属于道德的动机。

道德内容的原理　道德内容，是最难确定的。虽同一国的人，倘若地位或职业不同，他们所指目的道德，就不免互异；况在各国民，各时代，对于一种行为的批判，定能一致？于是道德没有普遍性的疑惑起。要免这一种的疑惑，不能不提出公认为道德标准的原则。于是就遇着目的观的根本关系，为古代哲学家所说，最高的价值，是至善，是一切各别的义务与规范之所从属而为最后的目的。

伦理学说中最近的观点，是从心理组织上，求这最后的目的，就是幸福说（Eudamonismus）以为人类的天性，都求幸福；而达这个目的之手段，有正当与否；道德是一种各人自明的，而且没有例外的，可得幸福的最正当之手段。康德曾说这种见解，是以道德为最善处世法。

幸福说的批难点，就是心理上已有不可通的。亚里士多德已经说："决不能以快乐的欲望为一切欲望的动机。幸福是欲望满足的结果，决不是欲望的动机，也不是他的对象。"我们知道，不但简单的，就是最发展的意志，都是直接向着所欲望的对象，从没有顾虑到幸福与否的。我们不能说：幸福是最后之目的，而一切欲望是达到幸福的手段。

主张幸福说，就不得不有谁的幸福之问题。第一答案，是以个人自己的幸福为目的，是为利己的幸福说（Egoistische Eudemonismus）。各人所求的幸福，本不一样。最幼稚的以感觉的快乐为目的，古代哲学家，以亚利士多德分为代表。进一步，务于精神的快乐，如学问、艺术、友情等，古代有伊壁鸠鲁一派，18 世纪有沙夫兹伯雷所建设之美的快乐论（Asthetische Epikureismus），以个性之美的发达为理想。最后又有一派，于感觉的及精神的两种快乐以上提出灵魂救济为道德命令最后的内容。这种见解，常与不灭的信仰、永远生活的希望相结合，可名作超绝的幸福说。这一派中，专注于自己灵魂之救济，而忽视对他人他物之义务的，就归入利己说。与这种神学方面的超绝道德相对待，而提倡现世的道德之学说，起于惟物论及社会主义方面，如圣西门，都林，福拔希等，最近有纪约与尼采。

与个人幸福说相对待的，是以他人全体幸福为最高目的之利他说，以增进他人幸福的动机与行为为善。在动机上或立于利己之心理的基础，或立于原本的社会的冲动之信仰上，均所不问。又对于利他的命令，或归于神的意志，或归于国家与社会的秩序，亦均所不问。所以这种利他说之道德的评价，决非质的差别，而是量的差别。因为人类以满足要求为幸福，而利他说既不加他种价值原理，就不能不以各个人能实现他的要求为满足。又以各种要求，不免互相冲突，不能不承认最大多数的最大快乐为道德。普通称为功利说（Utilismus)。但是最大多数的最大快乐，是谁的幸福？仍不外乎各个人。所以功利说与利己说，实立于同样之心理的前提。且以功利说重视幸福之量的结果，不得不迁就多数低度的要求；因而道德的兴味，以求快而避不快为限；不免放弃高尚的道德了。

幸福说以外，有完全道德说。这是不根据于心理，而立于玄学的基础上，以一切特殊的命令归宿于完全，为道德最后的内容。就是依照目的观的世界观而以天性的完全发展为最高的道德。也与利己的利他的幸福说相类，而有个体完全与人类完全的两说。多数的说法，都以实现人类本分为根本前提，就是以个人加人于国民、时代、人类全体的总本分为准。然而这种见解，正如西利马吉尔所说，在乎自然法的完成。因而道德之命令的特色，不免脆弱。因为道德的“不许不”与自然的“不可不”之对待，不用很难的间接法，就不能理解。且此等理想的动机，无论是对于个人或对于人类全体之本分，早已不是概念的认识之事实，而是信仰的事实；就是玄学的，而且一部分是宗教的前提，不能求出科学的认识之普遍性。

幸福说与完全说，均注重于实行道德以后的结果，对于内容的原理，并不能与以单纯的普遍的内容。到批评哲学的康德，始对于道德与非道德，指出两种根本的特质。其一，伦理的判断与道德的命令，全系于行为根柢的动机；所以说，“善的意志以外，没有善的世界。”又严立道德性与适法性的区别；前的是遵循道德的行为；后的是没有遵循道德的本意，而行为的形式及效果，均与道德法一致。康德屏适法性于道德以外，以为有减损道德价值的流弊。到失勒的伦理说，始缓和此种区别，而认适法性也有道德的意义。其二，无上命令的概念。从前说道德命令的，是假定的，因为不是由道德法本身尊严所产生，而受制约于各种关系。康德名这种制约是他律的（Heteronom)。道德法的本性与尊严，是道德对于人类的要求，没有制约，没有条件，不许何等斟酌的。道德的命令，无论何地何时，都要求服从。道德的命令，是完全创造的，超乎一切经验所得的意欲而独立。照此意义，道德的命令，是自律的（Autonom)。

这种形式的道德原理，不主有自身以外所给与的内容，而全由自身所规定，所以仅为有格率的原理，而不是规定格率的内容。康德以无上命令为良心，为普遍概念。个人于动机上，以意欲服从法则。而这个法则，又全然独立于个人意欲上已有之偶然的方向与对象以外。这是良心教示我们的。因而这种法则，独立于各个意欲之差别以外，而得视为同样的适当于一切个人，所以有普遍妥当性。康德之批判的道德，虽求认识根源于自己的反省，求可认性于个人的自己规定，而所认识所论证的义务，却是构成道德的世界秩序，而对于一切个人，课以同样之义务的。

注重人格，是康德的伦理说与他以前启蒙时代的完全道德说相同的。幸福说一派的沙夫兹伯雷与莱勃尼兹等，以人格为自然所给与的个性之发展；康德以人格为由普遍的理性法则支配一切个人的意欲而后成立。这两种人格说，前的很难由经验的个性，而达于类的合法性，且易陷于一部分浪漫主义的危险，就是以完成自然的个性为最后最高的道德。若批判的人格说，于原理上否定一切个性，而人格之道德的本质，乃以个人意欲受支配于一切个人同作标准的格率。而此后理想的道德哲学家如费息脱、西利马吉尔、黑格尔等，所努力解释的，以人格道德的任务，在以个人实现道德法于现象界，以依属于历史生活之伟大的关系，而填充个人自然的素质，与普遍妥当性道德的空隙。他们所希望的道德，不外乎人类事实的本质所生之经验的要素与超越的理性秩序所生之任务的结合。

幸福说的道德，注意于快不快，而限于经验的人类生活的范围。完全道德说，基于人类本分之玄学的认识。批判道德，以道德的世界秩序之意识为个人的良心，即康德著作中之实践理性。而历史的世界观之理想主义的道德，则可以理解无上命令法的内容，怎样演生历史上全体的文化。

道德的认识根源　关系道德的认识根源，是要问：我们怎么知道是善？怎么知道评价规范的妥当？解答这个问题的，约分为两方面，一方面主张经验；一方面主张直接理性的反省。而两方面也不能不互相错综。经验虽在确定事实的道德，而要达普遍妥当的规范，不能不举道德的事实而选择比较。惟理论虽在确定妥当的命令，而根本上，也不能脱离人类之事实的道德意识。所以经验论的立足点，不论为心理的，或历史的，若仅以记录道德的事实为限，就不免倾于相对说，而不能满足道德的意识之要求，以达于规范之绝对的妥当。惟理论由普遍的理性要求出发，若仅以研求合法性之形式的法则为限，就不能不用间接方法，以人格尊严的概念应用于经验的生活关系，而达到内容的命令。

较这等方法问题更有意义的，是事实问题。就是日常生活上，人类素朴的良心，怎么能得到义务的知识与判断的规范？我们在实际生活上对于道德之最高的原理，往往于无意识中自然的应用。初不要经过研求原理的困难，而自然于各种机会应用道德规范。与其说是根源于明了的概念，毋宁说是根据于感情。所以有以感情为良心本质的道德学者，如英国的沙夫兹伯雷、赫金生，都以感情为良心的本质与道德意识的根源，用以说明一切道德的内容与意义。到休谟与斯密就指明止有实际的生活上，需要知解，来明了他的关系。然而不可不有待于理性的考虑，就是有一种正当的道德感情，在判断上著现出来。照这个方向进行，就觉得道德的认识，有直觉的特性，而不待理论的知识与其他外面影响的证明。但是这种见解，仍旧是依心理的伦理学者之习惯，把道德的感情列在一般经验的感情状态，而停留于一切经验物相对性上。所以康德又以道德感情为纯粹实践理性的事实，而引上于理性的普遍妥当之范围。凡人都有一种直接性的道德意识，超乎智的修养与智的能力之程度而独立；可由此而发见最高的世界秩序。这种形式的直觉说，注重在直接感情的自证，就是能以良心的规范，应用于任何机会而都是妥适的。海巴脱循这种根本方向而组成实际哲学，以道德为一般美学的一部分，以为我们一切判断的最后裁判，是在超脱一切依据知解的附属品，而在本原快感上归入一种关系。这种本原的感情，是不能靠考虑来把捉，来建设，而无论在何种机会，总是最初的事实；他的实际；是适当于意识而接触于内容的。

道德法的可认性　说道德的认识根原的，偏重道德的感情方面；而论道德原理的可认性的，却专属于意志方面。无论何时何处，我们的良心，总不但对于已往之事实的动机与行为，而加以回顾的批评；还对于将来之实际的意志决定而有所要求。这种要求，是与别种意志相对待而为命令。那么，命令的权利，怎样来的呢？我们的意志，为什么要把规定内容的权利，交给命令呢？这个问题里面的可认性，自然以道德法与自然意欲相对待的学说为限。幸福说与完全道德说，均以道德法为基础于自然的本质，就没有可认性的必要。

以道德法与自然意欲为相对，始有可认性的必要。有以自己意志上有这种要求，为起源于自己以外较高之意志的，就名为权威道德。如洛克所说，立法的意志，有神的命令、国家的法纪、风习的规定之三种根本形式，这是他律的。康德主张良心自律说，而归结于理性的意志之自定。这种自定的内容，是从一切理性者同样妥当之道德的世界秩序上求得格率。对这种自立的法，本也没有可认性的必要；然康德是以人格尊严与道德法同一视，而认为真之可认性的。

道德的行为之动机 说道德的行为之动机，也以道德法之内容的要求与人类自然的感情与冲动之存在相对待，而认为必要。从利己说之假定的道德，人类于求幸福与避不幸以外，无所谓道德，那就合于道德法的行为，不过起于恐怖与希望的动机。从权威道德说，不过因别种意志，有赏罚的权力，因而起服从的动机。基于此等动机，而有合于道德的行为，决非有道德的价值，而仅有适法性的价值；康德看破适法性的真相，不认为道德。道德必与自然的冲动相对待。凡以利己的冲动与社会的冲动（即自然的社会性，如同情等）为动机的，就是他的行为偶然合于道德法的要求，在康德看来，也不能认为有道德的价值。

康德既以自然的社会性属于适法性的范围，而不属于道德性的范围，于是道德的行为之动机，不外乎对于“道德法的尊敬”与“人格尊严的感情”了。然康德一派，也不取斯多亚派的严肃说，以为有限于“道德夸”的流弊，如失勒所主张之“美魂”说（Ieal der schonen Seelle），由道德的发达而有依赖自己，不肯违反道德法之感情状态。在这个时代，性癖与义务，尚相对立，然而无论何时何处，均不至以性癖侵犯道德的格率。若程度更高，人类必纯粹为适合道德的感情，这是可推而知的。

于是乎关乎道德的全体生活，可分动机为几级：原始的，最幼稚的，是无意识的循自然的社会性，而以个人意志服从全体的意欲。进一级，对于个人意志的要求与全体意志的要求之间的互相对待，已有明了的意识；然还没有对于全体意志的尊敬，而但有遵循全体意志的合法性。再进一级，为要征服自己意志中反对道德之诸冲动，而吸入道德命令于自己意志之中；这是努力道德性的范围。最高一级，在生活过程上，达到个人意欲与全体意志的浑融；那时候美魂与道德性，不过用语上的区别罢了。

社会论（意志团体论） 前面说道德原理，已经说到个人意志与全体意志的关系。要详论这种关系，所以有社会论。

人格之最内面的独立性，就是叫作良心的、决不能不顾全体意志；而全体意志造成种种制度，且以历史的形体发达的，差不多全为支配个人而设。所以意志生活，以个人与全体为两极。我们固然常常见个人意志与全体意志的一致，但相背而驰的也不少。即使互相反对到极端，然而个人断不能全不顾全体意志，全体也断不能完全牺牲个人的意志，所以这两者的关系，是非常重要的。

全体意志所由表现的意志团体有种种，今以个人为中心，而区别各种团体，有个人立于团体之先，而组成团体的；有团体立于个人意志以前，而规定个人意志的。前的如各种会社，后的如国民。这正如无机有机的区别，前的是部分先于全体而成立，后的是全体先行成立，由其生活活动而产生部分。所以意志团体对于本质的见解，有个体主义的机械的方向，又有普遍主义的有机的方向。

这种团体发生的差别，关乎个人的位置。在社会上，以自身意志之主张为多；若这个会社与自己入社之目的不一致时，可以出社。在国民就不能骤脱，以自身从属于国民，“不许不”的分子，较意欲的分子为多。

意志团体，有家族、民族、会社、国家等。无论何人，既在这团体以内，就不能不感有一种之支配力，这就是风习的支配。风习的自然点，与他的无条件而行的点，不但在感情与意欲上，就是在直观与思维上，也无在不可以看出精神团体的形式。他的可认性，存于不可见的权威之舆论，就是各个人意识上最初存在之全体意识。

但是风气的状态，由历史过程而分解。历史过程最显著的例，是个人解放的经验。个人解放时代，一部分基于个人人格的意志对所受支配的当时风习压迫之反抗力；一部分基于各个人分属异基础、异目的之种种意志团体，而风习互相矛盾。家族、会社、国家之要求不一致时，不得不取决于个人自己的判断；因而个人脱离风习之自然的、半意识的支配。由这种过程而风习分歧为两方面：一是内的方面，有人格道德；一是外的方面，有法律而形成一定之国家秩序。道德、法律与风习，互为消长。

风习支配范围较广时，人格的道德，必贫弱；而法律也是粗杂的，表面的。法律渐精微，渐内面的，而支配较广，个人的道德，对于法律，渐亦嫉视，而拥护自己的领域。最后道德与法律互相反对，而道德的人格之世界，与国家的法律秩序之世界，应如何界划，遂为重大的问题。

因各种意志团体所取的价值不一致，不能不有普遍的，必然的标准之要求。个人判断，一部分或确有一种信仰，而一部分终不能不怀疑，遂渴望有决定价值之最后的规范。而这种规范，决非各意志团体，所不可不充的任务。例如各种社会的任务，都以幸福的、功利的根本特色，达日常生活种种之目的。而此等任务，在事实上又各有特色，是否能纳入统一的形式，遂成问题。有人以此等团体之总目的，为在个人的安宁与完全的，然何以此等团体有对于个人的支配力？他们没有法子说明他。又有人主张以人类最高的本分为任务的，又不能不以超越我们的信仰为根本，而陷于玄学的解释。总之，意志团体的本质，必求诸任务之内在的性质。由风习而分派为道德与法律，是足备参考的一点。觉得一切意志团体，都是表示一种不明不定的心意。全体生活，尤是全体意欲，他的根柢上，就是一种无意识的形式。若把他变成有意识的，具体的，而取出生活秩序，以构成共通的操作，表现的制度，就成了文化。文化是人类以有意识的作为，造出环境之意义。当造出生活秩序的时候，在个人方面，又因他的人格及独立性与风习反对的关系，而以自己所学的全体生活完成为有意识的、与具体的为目的。所以生活秩序的创造，文化体系的产出，固然是意志团体的取能，而同时也是各个人格的本分。

历史哲学　历史哲学所第一注意的，是个性的特色。人类胜于动物。文明人胜于野蛮人，就在这一点。在自然主义的意义，一切有机物，于物理的心理的特征，常现出差别个性。例如此猫肥于彼猫，彼犬警于此犬，虽极小如蚊类，也各有极小的形态上之差别，殆没有不具个性特征的。然而这种特色，都出于自然的分化性，而决不是独立自觉的个性。有自觉的个性的，止有人类，就是人格。人格也有阶级。为种族繁殖而生的大多数人，仅有潜在的人格。我们固然以法律的道德的尊敬彼等，然彼等不过在由个性而推移于人格的初步。而介乎这种推移的，就是自觉。

自觉与其他意识内容之间，并无分析的关系，恰如神经运动与意识之间，或无机物与有机物之间，仅有综合的关系一样。这种综合的关系于自己创造“自我”以前，并不存在，直至创造的“自我”产出而后现。“自我”在实体世界。是全新的。这种人格上不可名言的个性，就是自由。他的产生的根源性，不能用玄学的潜在力来解释，因为用这种解释，就是否认个人的自由。而在道德的责任感情与历史的思维，又必然的有这种自由的要求，因为止有综合的自由，是历史上的新事实。

这种意义的人格，在自觉的个人上，由批评自己而表现。人格且对于自己而占一种自由的地位；由论理的良心而定自己诸表象的价值；由道德的动机而定自己评价的价值。无论何时何地，在自己批评上，人格自分为批评的与被批评的两面；就是以批评的明了之思虑的生活层，与被批评的不明了之感情生活层相对待。在明了思虑层，把提他独立的本性。在人类历史上，知识、道德、艺术的进步，都起于人格常新的动作。就是不惮牺牲，与从未公认的真理分离，而变革全体生活。就是使全体意识，脱不分明与无意识的素质而发达为明了的自由的形式，这是人类历史的全意义。自然种族的人类，于最初最低的生活，本有与蜂蚁同一强度之社会性，在人类历史上，人格的动作，所以形成且阐明共同生活内容的，却在于反抗原始的社会性。人格个性的作用，注入恒久的变化于一般生活的全体，由这种客观的过程而成立历史。

说历史变化的，有集合主义与个人主义的分别。集合观以一切历史，在于全体运动，以历史的意义，不外乎全体生活的变化；而对于伟大的人格，看作普通个性。个人的历史观，注重于伟大人物的创造力，而于他所受全体的影响与协作，都不免忽视。这两派都偏于一面，而不能理解诸人格与全体相互的关系。全体的风习，不是有伟大的人格，发起新思潮，全体意志就不能进步。伟大的主张，若不是全体生活上最有价值的内容，也不能成为历史的事实。所以人格的伟大，是否定他个人的要素，而有超人格的性质。以超人格的价值，由自己发展而形成外界；这才是伟人的本质。这种价值，超然于实现者个人的条件，而且为超时间的，所以有永远的妥当。可以说由全体与个人之历史的关系，而借人格的活动，以生永远的价值。时间的普遍，与人格的特殊，互相交涉；而为生活秩序之客观的必然性。按照论理的法则与伦理的法则，永远价值，由历史生活之时间的战而实现。所以在人格方面，不得不以乐于牺牲自己为最高之目的；而在全体方面，不得不以生活秩序渐近于理性秩序的完全为最后之结果。

由这个视点观察，人类历史，就有全体统一的意义。这种意义。固然以生物学上有机的统一之思想作背录。然已往历史上，惟见有各民族各国民的互相反对与战争，到今日而我们有人类统一的理想，实是历史的产物。由人类概念，而进于人类理想，实为人类苦心努力的结果，比人格的统一，更为进步。人格的统一，本非自然所赋；由个人努力战胜种种之冲动与欲念而创造。人类统一的理想，也是由诸民族文化渐进，而渐现于意识；这就是人类的自觉。

历史的运动，各国民对于统一的人类之理想，将与各个人对于民族与国家之关系等。以内的必然性，因历史的过程，而建设生活秩序，以发现道德的世界秩序。生于表象的范围，有学问；生于感情的范围，有艺术；生于意志的范围，有人伦；生于行为的范围，有国家与社会之组织。这些一切文明形式，都是各国民在各时代，超越自己，而创造一种实现人道的系统的。所以人类的自成，就是历史进步最后的意义。

（三）美感

在伦理学说上，道德生活的全体，总与规定行为的意欲有关系，所以伦理的价值，虽达到理性的世界秩序，仍不能摆脱欲求。因而起一问题：果有不涉欲求的评价么？有的，不涉欲求的价值，就是美的价值。

美学的概念　用（Asthetik）为美学意义的，从邦介登起，提出美学上各种主要问题，而加以组织的，是康德的判断力批评。康德为区别快与善，特与美以“无关心之适意”的特征；又经失勒与叔本华加以更适切的表示，以“不因于意欲与意志的评价”为美的本质。就事实而论，人的美感常不免与快乐的要素及伦理的要素相接合。进化论中有雌雄淘汰的理论，动物心理上，早已有美感的种子，但纯是激刺的性质。至于初民的艺术，或关系魔术，或隶属宗教，或缘饰特殊风习。就是文明民族间所流行的美术与文学，或有“导欲”“伤风”的流弊；或借为“敬神”“尊主”的助力。又如搜罗美术品的人，也有本于斗靡夸富的动机，而不是真能领会美意的。但这些都是程度较浅、浑而未画的状况。若是最纯粹最高尚的美感，哲学上所认为有价值的，当然以超越意欲的境界为标准。例如人的知识，固然有许多是维持生活。占取利益的作用；然最高的理论，绝不直接应用的，才是哲学上所求的真。真与美都是超越意欲而独立，康德所以立关系美与自由美的区别，而专取自由美。失勒且特以游戏证明美的性质。

美的态度之对象，是美的世界。美的世界，又有一特别领域，是艺术世界。于是有自然美与艺术美的区别。而美学也有两种方法：或由自然美出发，而由此以领略艺术美；或分析艺术，以定美学的概念，而由此理解自然美。第一方向，主论玩赏；第二方向，主论制作；因为艺术美的玩赏，与自然美的玩赏，根本上没有什么区别。哲学者往往不是艺术家；而艺术家又往往不喜欢美学。若由艺术美的玩赏，而理解制作的心理，当然可以类推而普及于美的玩赏之全体。然哲学者的美的思想，由艺术美出发的，往往因艺术种类上兴味的偏胜，而美的思想，发生互异的色彩。例如古典的美学家文克曼等以造型美术为主；理想主义哲学如色林、黑格尔等，以文学为主。最后浪漫主义美学，又有偏重音乐趣味的倾向。

与这种差别相错综的，是菲息纳所提出向下的（由上而下，即演绎法）美学与向上的（由下而上，即归纳法）美学之区别。向下的美学，先假定一原理，而用经验的事实相印证，有玄学的色彩，自昔哲学家的美学，都用这个方法。向上的美学，是用实验法求赏鉴的异同，用观察、比较、统计法，求制作的动机与习惯，因而求得一共通的原理，纯用科学的方法，自菲息纳以后亦颇盛行。

美的概念，到现在还不能象善的概念之容易证明。向来用兴味来形容他，而各人有各人的兴味，似乎很明了的。然而美感一定要与舒服及合用有分别，所以一定有普遍性。美的普遍性，就是没有概念。他是纯粹对于单一对象的判断。我们说美，是一种价值的形容词，不是一种理论的知识，为一种实物，或一种状态，或一种关系，来规定性质的。康德为要说明美感的超个人性，说是官觉上与理解上两种认识力的游戏，而且以形式为限。因为对象的内容，总不免与快乐或道德有关系，所以纯粹“无关心”的适意，止能对于形式。形式不是实物所直接给与的，所以美的对象，不是凭感觉所得，而是由想象得来的。而且凭着官觉的直观与可能理解的综合之合的性的总效，才得到他的内容。这种合的性，又是专在想象的表象上，才能互相调和。所以在材料的活泼而复杂，与秩序的易简而明晰上，始能求得恰好的美来。

美感的不同于知识，又不同于道德，就因为他不属于知觉与意欲而属于感情。近代心理的美学，所以盛唱“感情移入”的理论；他们说，美感的发生，就是赏鉴的人把自己移在对象方面，生同一可悲可喜的感态。而对象中，能促起这种感态的，就是美，这是心理学上对于美的对象之解说。但这种感情，何以有美学上价值？近日克利汤生于美术的哲学中试为解答，说是对于官觉的冲动与超官觉的冲动的接触，而发生这种感情。这两种互相对待的冲动，一是生活的，一是道德的。在康德学说中，就是官觉与理解的对待：两者互相调和是美，而两者互相抵触就是“高”(Erhabene)。照这种理论，人类是彷徨于两种冲动的中间，美的功用，就是给人类超出官觉的世界而升到超官觉的世界，就是道德的世界。所以这一派的美术哲学，就以美为善的象征；就在这上面证明超个人的普遍性，是在感情的游戏。

但是美与善的关系，在“高”的方面，又是一种情形。他不是隶于美，而与美为同等的种类。他的引人由官觉世界而升入超官觉世界，不是美的纯粹相，而是美与善的复杂相。照康德的学说，可以说是“关系美”的标本，用以达到最高观念的。

美与善的关系，康德的大弟子失勒是以“在现象中的自由”为出发点。彼以为美的对象，就是现象中的自由之影子，也能与环境上必然的关系相离绝而自行规定。叔本华也说，美的生活，是以脱因果律而自由观照为特色。这就是与科学不同的一点：科学完全以因果律为标准，而美的对象，给我们观照时，可以绝对自由，不要再问到别的。所以自己满足，是美的真正标记，而适与伦理上的自行规定相应合。这种自己满足，当然不是实际而是影子。美术品是当然与其他实物特别，自然美虽不能这样，然而所取的也止有美的影子。

在不是实质的一点，现代美学有一种幻想论（Illusionstheorie），在各种美术上都可应用，而尤在造型美术与演剧。这是一种有意识的自欺。心神往复于自欺与明知自欺的中间，一切图演，总是或粗疏的，或精细的，摹拟事实；而这种事实上的占有心，总是为美的效力所减少，或消灭，而少有被助长的。

由美的标记而观照物的本体，就是超经验而进玄学的路径。失勒所说的自由，就是康德所说的超官觉。美是把超官觉的影子映照在官觉上。若是以柏拉图的观念为物的本体，那就如柏拉丁所说的，美是观念在官觉上的影子。这种意义，从新柏拉图派经过文艺中兴时期，直到英国沙夫兹伯雷的哲学，都没有改变。德国理想派哲学，随着康德的批评，又把他重提起来，就中最著特色的，是色林的玄学的美学，就以美术为哲学的工具。他说科学是永远不绝的在现象上，寻求观念，然而没有一次能完全达到的；道德的生活，是永远不绝的在现象上经营观念，然而也没有一次能完全实现的。止有美的观照，是把观念完全的映在官觉的现象上。这是“无穷的”完全进入于“有穷的”；这是“有穷的”完全充满着“无穷的”。这样看来，他的重心，就是一切人类的著作，在乎于官觉上有穷的不完全状态上，表现“无穷的”。这是梭尔该之悲剧的传奇的讽刺论（Theorie des Tragischen und der romantischen Tronie）所判定的。凡是这一派美的玄学，都是以美术尤是文学为表现观念的作用。照这个假定，美的玩赏，是与制造美术同一作用，就是在玩赏的想象上制出美的对象来。譬如我们玩赏风景，一定要选择一个立足点，可以把最美的景，恰好收在视线上。这正与我们画风景时把线条与色彩组合起来一样。选择与组合，在玩赏与制作上都是并重的，所以玩赏着必要有美术家的本质。

美术　美术与他种技术的不同，就是他种技术，都以应用为目的，而美术是没有的。美术不是日常所必需的，而是闲暇所产生的，与纯粹科学一样。亚利士多德说：“人类超出日常需要的束缚，而造出美与真的世界”，就是此意。希腊哲学家都以摩拟主义说美术。自狄德洛以来直到现代的实证哲学，也持这种理论。他们应用自然主义到美术上，以为与科学一样；止要能描写实物，就是求真；所以科学与美术的界限，可以消灭。

美术是离不了摩拟的，因为所取的材料，不论外界的，或内界的生活，都是事实上所可有的。然也不能说全靠摩拟，因为选择与结构，都是创设的，而这个却是美的主要点。进一层说，摩拟是一种天性的冲动。照近日社会心理学所说，凡有动物的合群，全以这种天性为基础。但是这种冲动的达到，也不过与别种冲动的发展，有同等的适意；并没有特别美学的意义在里面。至对于摩拟的精巧觉得适意，也不过与别种工作的完成同等。例如画一颗樱桃，竟有鸟误认为真的而来啄他；在大理石女像上刻一条编成的肩巾，竟有人误认为真的而想取他下来，或者对于所刻的绒衣，试试触觉；又如音乐上竟可发出断头人血滴地上的微声；这些都的确是技术上名誉心的产品；然而美术品的价值，多于美术的。

摩拟的美术，不能为普遍的固有价值，因为他的价值，是由他所摩拟的而发生。寻常评赏美术的人，往往以美术为辅助知识与道德的作用。失勒的主义也是这样。就是说美的玩赏，可以使驰逐于官觉冲动的人，经这种超脱意欲的观照，而引到真与善的最高价值上。所以美术与美的生活，专属于离绝实物的高等官能，即视觉与听觉，因没有肉体上直接的激刺可以参入。这固然是解说美的玩赏之精义，然而应用到摩拟主义上，就止有消极的与预备的功用。他的积极功用，既然在引进道德与智慧，那就没有自身固有的价值了。

失勒解说美的固有价值，提出游戏的冲动。近来生物学、心理学家都有详细的阐发。动物、儿童与初民的游戏，在进化史上，都可视为美术的先导。舞蹈、歌唱，器具的装饰，是最早的。后来于无意识中演进，一方面关乎爱情的。为求婚的游戏；别一方面，关乎合群的，为工人合唱的节奏。这种合唱的节奏，是把日常的工作演成矜贵，而把机动的疲劳转为清新；所以也有指这种游戏冲动为职务的冲动的。因为他的满足，是一种纯粹的愉快，并没有相随的目的，也没有严正的意义，但并不是一切游戏，都自有美的意义，若要问那一种游戏的内容，是具有美的价值的，那一定是真正事实的影子，就是以生活状况为模范的。只要看儿童游戏，都是摩拟成人的生活，然而不至使成人有切身利害的感想。所以游戏上，摩拟人类最有价值的生活而使观赏者超然于切身的利害，这是最有价值的。而美的游戏，就是把最深最高的实际生活，映照在对面。因而一切美术，就是以游戏的作用，自行表现，而且自身就是被表现的。所以克洛司说：美术是用直觉上所自给的发表出来。而这种没有目的之发表，是得到最纯粹、最完备的生活之影子。所以纪约说：美术的意义，是我们所认识最向上的生活。因而我们所说超越事实之美的对象，可以求出本来意义，就是一切理想化、格式化的，都归宿于自身的生活，而用纯粹与完备的表示，映照到官觉的现象上。

天才　凡美术上有特别创造力的，叫作天才。天才的定义，屡有改变。其初是指一种美术家，他的著作，可以为学者模范，作批评家的标准的。进一步的，就知道天才是不按普通规则而自有新与美的创造的。到康德的最深观察，天才是一种智慧，他的作用与自然相等。这就是说，一方面是内界的必然性，又一方面是无目的之合的性，而在一个美的人格之组织力上相遇合。内界的必然性是冲动，而无目的之合的性是能力。冲动与能力相结合。而始成为天才。有冲动而没有能力，是美术家的厄运。能力的制限，不是用工与努力所能打破，因为美术的创造力，往往潜伏在无意识中。所以美术家常常反对理论与哲学，因为这些都不能帮助他，而或者反搅扰他。止有我们不能不考察他们的性质与工作，以构成概念，而排列在美术品的共通关系上。但是我们也常常觉着美术家的创造工作上，有不能明白表示的。

色林因康德的定义，而用无意识的意识来说明天才，是很巧妙的。美术家的著作，往往是无意识与有意识互相错综，没有可以用定理来说明的。美术家一定要本着自己表现的冲动来着手，几乎不能自主的。从这种无意识的根据上投到意识，才有他的作品。然而当他那实现一种作品的时候，又是从无意识中潮涌出来。与创作并行的，有冷静，有意识的批评；然这个断不能作积极的指导，也只能作为由无意识的生活根本上偶得的妙想。近来盛行“天才与狂疾为缘”论，要也不过是无意识与有意识错综的作用罢了。

第五编 结论

以上各编，已把哲学上论理、伦理、美学三方面的关系，陈述大概。论理学方面，纯用概念。美学方面，纯用直观。伦理学方面，合用两者；隶于功利论的，由概念，是有意识的道德；超乎功利的，由直观，是无意识的道德。自叔本华主张意志论，以万有无非意志；而昔之智力论，遂为之屈服。故人生哲学，以至善为依归，自是颠扑不破的见解。但叔本华的厌世观，以美的直观为达到道德的作用，而排斥根本概念的知识。近如柏格森的直觉哲学，也有以知识为停滞的意识之说。此等申直观而斥概念，正与黑格尔一派申概念而黜直观，同为一偏的见解。平心而论，哲学是人类精神的产物，决没有偏取一方面而排斥他方面之理；以伦理为中坚，而以论理与美学为两翼，这才是最中正哲学。

也有人以精神三方面的统一为属于宗教的。但宗教不过哲学的初阶，哲学发展以后，宗教实没有存在的价值。追溯宗教的发生，实起于应时势而挺出的哲学家。例如摩西定十诫，不过如大禹的述鸿范九畴，印度韦驮经述四阶级，不过如柏拉图的《共和国》里面说三阶级。阿拉伯察拉土司脱拉立二元教，主张以光明战胜黑暗，不过如《周易》的说阴阳。然而摩西的教义，到耶稣而革命，韦驮经的教义，到佛陀而革命。阿拉伯的教义，到谟罕默德而革命。这就是哲学发展的公例。耶稣的态度，很像苏格拉底；佛陀的态度，很像托尔斯泰；谟罕默德的态度，很像尼采；也不过一种哲学家表现个性的惯例，毫有神奇可言。至于一切附会的神话。正如中国孔子，是个最确实的人物；而谶纬中也有许多怪诞的附会，也不足据为宗教家的特色。

宗教所以与哲学殊别的缘故。由于有教会。教会是以包揽真善美三者为职业；死守着旧的教义，阻新的发展。所以哲学的改革极易，而已成宗教的哲学，改革极难，甚至酿成战争。

宗教虽有死守旧义的教会，要包揽真善美事业，然而学术发达以后，包揽的作用，渐渐为人所窥破，不能不次第淘汰。最先淘汰的是知识方面。如盖律雷的被迫，白儒诺的被焚，就是新知识与教会旧知识战争的开幕。以后科学逐渐发展，经过18世纪惟物论、19世纪生物进化论时代，宗教上垄断知识的旧习惯，已经完全打破。行为方面，宗教所主张的，是他律说，本不如自律说的有力；经斯宾塞尔说进化的道德，尼采区别主人道德与奴隶道德；纪约主张无强迫与无惩罚的道德；宗教上垄断道德的习惯，也就失了信用。现今宗教社会所以还能维持，全恃他与美术的关系。我们考初民美术，如音乐、舞蹈与身体上器具上的饰文，很少不含有宗教的意义。而现有的宗教，也没有不带着美术的作用。例如集会的建筑，陈列的雕刻与图画，演奏的乐歌，以至经典的文学，教士的雄辩，祈祷的仪式，都有美的作用，所以述有吸引信徒的能力。而且不但外形上关系这样密切，就是照主义上说，宗教的最高义，在乎于有穷世界接触无穷世界；而前述色林之美的观念说，所谓无穷的完全进入于有穷的。有穷的完全充满着无穷的；乃正是这种作用。所以宗教的长处，完全可以用美术替代他。而美术上有“日日新，又日新”的历史，与常新的科学及道德相随而进化，这不是宗教所能及的。

哲学自疑入，而宗教自信入。哲学主进化，而宗教主保守。哲学主自动，而宗教主受动。哲学上的信仰，是研究的结果，而又永留有批评的机会；宗教上的信仰，是不许有研究与批评的态度。所以哲学与宗教是不相容的。世人或以哲学为偏于求真方面，因而疑情意方面，不能不借宗教的补充；实则哲学本统有知情意三方面，自成系统，不假外求的。